エハン・デラヴィ

人類が変容する日

明窓出版

はじめに

私は、放浪者で有名なスコットランドの古都、アバディーンに生まれました。この都市のテーマソングは、「旧市街アバディーンの北の光」と呼ばれていました。それは、この都市から、よくオーロラが見えていたことによります。歌詞の一部に、次のような節があります。

私は生涯、放浪者であり、世界の多くの場所が私が見たことのある光景だ。
私がアバディーンの我が家に帰る時は、神は一日の速度を速める。

この本は、私がIntuitionの依頼で2007年に東京で行った、2回の講演会が基になっています。それらは、プロデューサーである澤野大樹氏が主催したイベントでした。

最初の話は進化の生物学について、2番目は近代世界における巡礼者とは何者であるかについて、また、スピリチュアルな放浪者から、どのようにして多くを学ぶかについての私の理解を述べました。

この本における目的の1つは、講演会には参加しなかったけれども、私の仕事に興味を持ってくれるかもしれない、より多くの人々に、情報を提供することです。

私の仕事とは、何でしょう？　それは、私たちが文明が極まったエッジ（端）に住み、私たちが知り、考え、信じていることすべてが、近い将来に変化するという理解を促すことです。なぜなら、私たち自身が変容しなければ、人類は絶滅してしまうからです。

それらは、17年以上にわたる研究と、世界中のさまざまな分野におけるリーダー的な思想家へのインタビューで成り立っており、いまだにたいそうな供述に思えるかもしれません。けれども、それは私の意見のみにとどまらず、ここ20~30年間、世界中で現れているたくさんの手がかりに対する、論理的な結論です。手がかりとは、地球温暖化、インディゴ・チルドレン、種の絶滅、異常気象などです。

本書には、なぜ時間が加速しているように思えるのか、そして、地球という惑星に迫りくる食糧危機が、どのようになるのかを理解したがっている人にとって、多くの手がかりがあります。

なぜ今なのか？　地球でいったい何が起きつつあるのか？　そのような質問には、私が長い時間を費やして、真摯に研究した答えが用意されています。

しかし、このまま続ける前に、私の背景を少し皆さんとシェアすべきかと思います。

多くのスコットランド人のように、私は若い頃に国を後にしました。世界には2000万人のスコットランド人がいますが、スコットランドに住んでいるのは500万人だけです。

私たちは常にパイオニアであり、発明者であり、旅人で、未開の地の開拓者です。

私はよく、不思議に思うことがあります。どのようにして、何ヶ月も太陽が拝めないような厳しい気候の貧しい小さな国が、こんなにもたくさんの影響力のある発明者や思想家を生み出すことができるのかと。その答えは、おそらく非常にシンプルです。

スコットランド人は大昔から、国には留まらず、放浪をする民族です。おそらく太陽と、もちろんより良い生活を求めて。

その放浪で、必然的に他の文化や生活を体験し、さまざまな観点を持つことができるようになり、結果として、いろいろな発明ができたのです。その発明とは、電話、テレビ、レーダー、蒸気機関、ゴルフ、微積分学、映画、水洗トイレ、自転車、電磁気学などなどです。

アスファルト上を走る車のタイヤまで、スコットランド人の発明品です。そのため、路面を表す当初の用語は、スコットランド人の名前、マカダムに由来する「タールマカダム」でした。

また、ごく最近、スコットランド人の科学者は、クローン動物の羊のドリーを発明しました。おもしろいことにその研究室は、映画、ダ・ヴィンチ・コードによって世界的に有名になったロスリン礼拝堂のすぐそばにあります。

これまでの本や講演で、私はワクワクするようなテンプル騎士団の歴史と、彼らが今日の世界にどれほど影響を及ぼしているかについて、語ってきました。

またスコットランドは、アメリカ合衆国を建国する上で、重要な手助けをした国家です。スコットランドの教師から、ワシントンらが受けたフリーメーソン的な教育を通して、その建国は行われました。

オーストラリア、ニュージーランド、カナダ、およびアフリカの多くの地域が、スコットランドのエンジニアによって発展しました。惑星地球のどこに行っても、皆さんは独特のなまりのある、成長期に太陽光が足りないために皮膚の色が青ざめている場合が多い、スコットランド人を見かけることでしょう。

数ヶ月も続けて外の世界に光や暖かさが無いので、私たちは、自分たちの中にそれらを見出さざるをえないのです。私はなにも、自分の出生地を賞賛するためにこの文章を書いているのではありません。一生を旅して回り、他国である日本に30年以上もの間住んでいる私のような人間が、いかに普通であるかを知らせたいのです。

スコットランドの影響について詳しい歴史を知りたい人には、「スコットランド人がいかにして現代の世界を発明したか(How The Scots invented the modern world)」（Arthur Herman,Three Rivers Press）という本でそれを知ることができます。

ほんの3世紀前には絶望的に貧しい国であったスコットランドですが、産業革命によって、スコットランド人たちは奮起し始めたのです。それは、進歩と呼ばれました。

この進歩は、皆さんが現在住んでいる世界となっていて、おそらく、今は完璧に調節されているかもしれません。この進歩に、本当に将来性があるか否かは別として、議論されるべき歴史的な機会が今なのです。

英語のaggression（侵略・攻撃）という単語と同じように、progress（進歩）という単語の中のgressが、暴力を意味することを覚えておいてください。したがって、進歩したいと思うのなら、私たちは暴力に関して合理的に不平を言うことはできません。語源というものは、現実についても大いに教えてくれるのです。

今や人口は６０億を超え、環境、つまりはすべてにアプローチする新しい方法が至急必要とされています。私たちは、目的をもって放浪している人たち、すなわち本当の巡礼者が実際にどんなことを意味しているのかを、真剣に考える必要があります。

公開講座のときに日本人の視聴者に、私たちスコットランド人がどれほど多くの良いものを作り出してきたかを話してきましたが、今となっては結局、そんなには良くなかったようにも思えます。もちろん、良い目的も悪い目的もなく、シェークスピアが言ったように、思考だけがそれを作り出すのです。

現在、世界的に起こらなければならない大切な革命があるとすれば、それは間違いなく、私たちの思考におけるものです。２１世紀の消費者が歩んできた「幸福な人生」への道をこのまま続けるのなら、私たちの運は確実に尽きてしまうでしょう。

皆さんが手にしているこの本は、映画のシリーズ、「地球巡礼者」と、他の私が関わっている本にも関連しています。この地球巡礼者のコンセプトは、山と谷の周りに広がった四国の八十八箇所の寺を回る巡礼の旅の最終段階で思いつきました。

私はこれまでの人生、ずっと放浪者ですが、この特別な旅では明確な目的を持ち、初めて本当の「巡礼者」でありました。その旅の目的とは、55回目の誕生日に間に合うように、真剣に自分自身の人生を考えることでした。私の同国人のすべての発明は、本当にそれほどまでに素晴らしかったのか？　それは、四国の古風で趣きのある村々の周りのトンネルを通ったり、山を上ったりする中で、一つの基本的な疑問として浮かんできました。長距離を歩くということは、人の心を研ぎ澄まさせる強力な助けとなります。

私の子供たちは、この巡礼の旅の時点で皆、大人になっており、私は日本中で書き、教え、講演をするという激動の6年を終えたところでした。1300キロメートル以上を歩くという厳しい経験を通して、私自身の人生を評価すべき時でした。

この旅を始めたときは、私はその旅が今後の仕事の焦点と目的意識を変えるためのものであるということに、ほとんど気がついていませんでした。私は単なる放浪者というよりも、巡礼者になったのです。結果として、皆さんと共有できればと思う、スピリチュアルな新風が吹いてきました。

皆さんもお分かりでしょうが、偉大な思想家、バックミンスター・フラーが私たちの故郷を「宇宙船地球号」と呼んだように、私たちは皆、その船に乗り込んでおり、必然的に今この旅に参加しているのです。

それは、人類がこれまでに経験した中でも、最もチャレンジのしがいがあることであり、最も魂が探し求めていたことでもあります。皆さんがすでに意識しているいないに関わらず、壮大な冒険は始まっており、私たち皆が発展していくドラマのヒーローです。発展は、進化という言葉に変化して、非常にはっきりとした意味を示します。

エピジェネティクスは、私たちすべてに存在している可能性に対しての、非常に現実的な手がかりを与えてくれます。しかし、私たちが精神や心を改革するという使命に目覚めなければ、それは可能性に留まるかもしれません。

私は、それを冒険として捉えることを選択し、本書を読んでいただいている皆さんも、その冒険にお誘いします。皆さんは、宇宙船地球号の乗組員としてすぐにでも同じ選択ができるでしょう。実際、皆さんは、決して始めからこの青い惑星の乗客であったのではありません。皆さんは生来、それを知っていた、いないに関わらず、宇宙の巡礼者なのです。

この本は、皆さんがこれから旅をする手助けとなることを目的としています。私は、皆さんがいっしょに旅をして、生物学と巡礼者の両方のワクワクするような冒険をシェアされると信じています。それによって皆さんが触発され、リフレッシュされることを願っています。私の心からの望みです。

そして、皆さんは巡礼者であるために、四国を実際に歩き始める必要はないということを覚えておいてください。

皆さんに必要なのは、生きることに対してより頻繁に、現実的に脳と心をリセットすることなのです。皆さんが生きているこの時は、イベントホライゾンと呼ぶことができます。それは、私たちが知っているすべてのことが、取り返しがつかないほど変化する時なのです。

私たちは、本当におもしろい時代に生きています。安定は、あまりおもしろくはありません。一方、カオス（混沌）はいつもおもしろいものなのです。

私たちの旅は、単に地理的なものであるに留まらず、空間や時間、そして惑星の旅となることでしょう。

DNAもまた、皆さんが人間として地球上のここにいるという結果になっている、偉大な、歴史的な旅をしてきました。進化とは、無限に長い時間の化学的な巡礼（目的を持った放浪）に対する別の言葉です。

皆さんは、この進化がすべて偶然であったと信じていますか？　インテリジェント・デザインは可能でしょうか？　進化には、幸福になるために世界中でクレジットカードを使用できる賢い猿を創り出すことより、もっと重要な目的があるのでしょうか？　あります。

現在、地球上の私たちの意識レベルは怖ろしいほど低くなり、私たちの未来は深刻な疑念の中にあると言えます。

私はアル・ゴア、ミハイル・ゴルバチョフ、および世界的な方針を導く三極委員会の代表といった、指導者にも会いました。彼らは有能であるかもしれませんが、今後何が起こるかに関しては、まったくなにも分かっていないかもしれないと言えます。なにもです。

彼らは、皆さんや私と同じくらい混乱しているのです。彼らは、プレス（報道）とより良い関係を持ち、彼らを手助けするより多くの人々が周りにいるにすぎません。彼らや、それ以外の良い意図を持った「リーダーたち」が皆さんの問題、経済、天災などを解決してくれるとは思わないでください。そんなことは起こりません。私が保証します。

私たちの時代のすべての大衆運動には暗い側面があるように、環境保護運動は、地球温暖化の「治癒」への約束の内側に潜む、支配という幻影なのです。政治家が皆さんを助けたがっているときは、本当は最も根本的なレベルで、皆さんを支配したがっているということを意味します。

アル・ゴアのような大雄弁家の言うことを聞くときには、決して、絶対にそれを忘れないでください。彼の議題におけるキーワードは、カット（削減）です。皆さんはそれを、どのように感じますか？

私はまた、本当の地球巡礼者としての状態を取り戻す手助けするために、本書でいくつかの政治的なごまかしの覆いをはぎ取るでしょう。すべてのスコットランド人が知るべきであるように、ワシントンやジェファーソン、そして高等教育を受けた友人たちのトレーニングを通して、独立宣言を書いたのは私たちであり、すべての鍵を握るのは、やはり個人なのです。決して国家でも、政府でも、政治でもなく、個人です。

個人の究極の表現は、巡礼者であるかもしれません。巡礼者は自立しているだけでなく、アッシジの聖フランチェスコ（フランシスコ会の創設者として知られるカトリック修道士。悔悛と神の国を説き、中世イタリアにおける最も著名な聖人のひとりであり、カトリック教会と聖公会で崇敬される。映画「ブラザーサン・シスタームーン」参照）のように何も所有していないということで、他者にすっかり依存しているということにもなります。巡礼者は私たちにとって、パラドックス（逆説）と手本の両方になります。

おそらく皆さんは、こうした話をする私のテーマは、いったい何なのかと思われることでしょう！　１９９２年以降、私は、時間と意識について研究してきました。そう、それらは大きな主題であり、そうしたことを教えている大学の学部はないと思われます。

しかし、ほんの1秒間、熟考するだけで、皆さんはすぐに時間が世界一貴重な「もの」であり、意識が私たちにとってすべてを実在にするものであると認めるでしょう。意識に関しても時間に関しても、まだ良い定義はありませんが、私たちは日々、これらとともに生きています。

「今、私はここにいます」というのは、これら2つの研究分野が内包するスローガンです。そして、皆さんが論理的な結論を見ていくに従って、このスローガンは、確実にはるかに深くて実用的な意味を持つことになるでしょう。

偉大な科学者であり哲学者であるアービン・ラズロー博士が、カオス理論を使って2012年頃であると仮定した、「カオスポイント」と呼ぶ時点に全世界が近づいていくに従って、私たちすべてが宇宙船地球号上の無感動な乗客から、愛しくて最も神聖な私たちの惑星の、ひたむきな乗組員へと完全に移行するのです。

私のテーマは明確です。エピジェネティクスと地球巡礼者のメッセージを、地球規模でシェアしてください。

さあ、進化の巡礼を始めましょう！

◎ 人類が変容する日・目 次 ◎

EPIGENETICS《エピジェネティクス》

地球巡礼者

EPIGENETICS《エピジェネティクス》

＊本編は、私が2007年３月に行った講演が基になっています。

「CELL」とは?

今回のテーマは、今までとはちょっと違います。

「EPIGENETICS」。今回の主人公は「CELL」です。

CELLには、もちろん「細胞」という意味がありますね。

それから、携帯電話の直訳は「a cellular telephone」です。または「cell phone」といいます。複数の基地局を利用する無線ネットワークを利用するので、その一つの基地局が通信可能な範囲をcell(セル)と呼んでいます。

CELLにはもう1つ、「牢屋」という意味があります。刑務所などの牢屋です。面白いと思いませんか? なぜ、細胞と牢屋が同じなのか。言霊なのでしょうか。

考えてみれば、細胞にははっきりとした境界線がありますね。それを細胞壁といいます。その細胞壁における奇跡的な働きについては、後半で話をします。

まずは、牢屋の話。

実は、私の友人が80日間牢屋に入っていました。悪いことをしたわけではないのです。堀江さんではありませんが、株に関わる仕事をしていましたので、その世界ではいろいろとあります。いろいろな人が、被害を受けるわけです。

さて、私の友人は８０日間、とてつもない世界に入っていたのです。日本の刑務所は、優しい環境ではございません。おそらく、日本のCELLと外国のCELLを比較すれば、外国のほうがずっとましだと思われます。テレビも見ることができるし、友達と毎日会うこともできるし、たぶん食事もずっとうまいでしょう。日本の刑務所は非常に厳しいです。面会をするために入るだけでも、たいへんです。

その友人に会いに行ったのですが、もう、チェックポイントの後チェックポイント、その後もチェックポイントですよ。ぜんぜん別の次元です。

でも、彼は悪いことをしていなかったので、出てからすごい勢いで復活しました。たいへん幸運なことに、１７億円も儲けたのです。牢屋から出てきて2年、何とも言えない奇跡です。

しかし、本当は何も奇跡ではないんです。彼には深い信念がありましたし、心がきれいなものですから、私は最初から最後まで、この人は何があっても大丈夫だと確信しておりました。

CELLの中では、クレジットカードもなにもかも全部取り上げられてしまいました。あの世界は、もう身分を消されるがごとしです。普通の人なら、復活できるものですか。できないね。しかし、この人は素晴らしい人間、常にプラス思考で、常に積極的に頑張る精神を持っていたのですね。

たぶん、彼は過去世で何回も戦争で亡くなっていることでしょう。昔は武士だったりね。何回も何回も戦死して、生まれ変わったかもしれません。だから、戦う精神はすごく強い人です。ある意味、典型的な日本の人なんです。とにかく頑張る、何があっても。

彼が、たいへん面白い話をしてくれたんです。同じ刑務所でも、昔の牢屋と今の牢屋は違うということなのです。昔の牢屋は、壁が低くて頭を出すこともできたらしいんですね。だから、受刑者同士、頭を出して時々話もできていた。相手の顔を見ることもできたので、寂しさの程度が比較的低いということになるでしょう。

今は、四角いボックスなんです。小さな窓があって外が見えるのですが、向こう側にも牢屋が並んでいるだけで、窓は真っ暗なんですね。中から外を見ることはできるけれども、外から中は見えないようなガラスになっている。だから、すごく孤独な世界なんです。

最近は、人がものすごく孤独を感じる時代になったのではないでしょうか。孤独な状況にも影響を受けるという鬱病は、今、世界一多い病気になっているらしいです。先ほどの彼は、土曜日、日曜日にはみんなが一番暴れたと、説明してくれました。なぜならば、土、日だけは面会が許されないからだそうです。誰にも会えないということです。2日間、人の声もほとんど聞けない。たいへんな思いで過ごす2日間。月曜日から金曜日までは、面会が許されるので少しはましとのことですが、そういう話もあるんですね。

「WAR ON TERROR」――「テロとの戦い」

そして今の人類は、どでかい牢屋の中に入れられているように私は思います。テロとの戦いの世界ですね。いつも私は、なるべくアメリカバッシングはしないようにしているんですが、本当はしたくてしょうがないんです（笑）。

今のわれわれの世界の象徴である、デモクラシーとフリーダムのリーダーであるはずの彼《か》の国において、どんなことが起こっているかというと、911以降、狙われそうな建物のリストができているのです。

2001年の段階で、だいたい50カ所、有名な建物、人がよく集まる場所などは、テロのターゲットになる可能性が高いので、警備のレベルをものすごくアップしないといけなくなりました。2002年になると、500カ所になったのです。だから、そうした場所には入ろうとするだけでたいへんです。非常に厳重なセキュリティチェックがあります。

今の段階で、なんと4000カ所ぐらいになっています。特別に管理され、ガードされている場所がアメリカ中にあるのです。

もともとはカーター政権下にあった三極委員会を発足した、ブレジンスキーという著名なアメリカの政治家がいます。今、70歳代です。カーター政権時に、たぶん世界のナンバー2ぐらいのレベルの高い政治家だった方が、最近では、新聞に今のアメリカを痛烈に批判する記事を書くようになりました。自国の政権を厳しく批判している。先ほどの4000カ所近い建物に入っていく時、ご自身の身分なども明かすのですが、以前えらい政治家だったといっても、すぐに入れるというわけにはいかないんです。みんなと同じように、チェック、チェック、チェックを受けなければなりません。

海外旅行をされる方はご存じかと思いますが、飛行機に乗るときに、ほんの小さな液体の化粧品でさえ手荷物に持って入れないんですよね。私たちは、しょうゆを5本、知人へのプレゼントにしようと思って持って行きました。でも、駄目でした。しょうゆは危険物なのです。何が入ってるか分からないですからね。考えられますか？　しょうゆは危険物なんですよ。ただし、容量が決められてるんです。携帯できるような大きさのしょうゆだったらいい。でも、100ミリを超えたら危険。もう、本当にクレイジーです。これが論理的だと思いますか？　本当に液体爆弾を作ろうと思えば、50ミリでも十分なはずなのに、それは許される。でも、100ミリ以上は駄目です、と。それで、没収です。すごくおいしいしょうゆだったんですよ。当然、怒りました。でも、抗議もちょっと控えめにしておかないと、即、逮捕……ということです。

ブレジンスキーは、ある有名な建物に入ろうとしたら、チェック、チェック、またチェックで、最終段階になると、「申し訳ないんですが、なぜここにいらっしゃったのかについて、この場でレポートを書いてください」と言われたそうです。考えられますか？　その理由を説明しなさいということです。

来場者が一人一人座らされて、なぜそこに来たのかという理由を全部書いて、サインして、今度はそれを読んで許可するかしないかを検討する人がいるという世界が、現実にアメリカにはあるのです。どこかの場所に、ちょっと急いで入ろうと思ったら、「ちょっと待って。なぜここに来たのかレポートを書いてくれ」と。

ズビグネフ・ブレジンスキー
ポーランド出身の政治学者、戦略家。カーター政権時の国家安全保障担当大統領補佐官。1960年ワルシャワ生まれ。1938年にカナダへ移住、1953年、ハーバード大学で博士号取得。コロンビア大学教授として、共産主義圏の政治および外交の研究に従事し、日米欧三極委員会の創設や民主党のアドバイザーなどにも従事。1976年の大統領選挙においてカーターの外交政策アドバイザーを務め、カーター政権発足後に大統領補佐官（国家安全保障担当）に就任。その後も、戦略国際問題研究所顧問として「チェチェンに平和をアメリカ委員会」の共同代表を務めるなどアメリカの外交政策に影響力を持っていた。

そしてこれが何の役割を果たすのかと思ったら……？　まったくナンセンスですね。

実際にテロリストがやってきたとして、「私は爆弾を持って、みんなを殺しに来たんだ」というレポートを書くというのでしょうか？　もう、本当にアホらしい。どうしようもないですね。


だからその政治家は、今のアメリカはかなりおかしい、イッちゃってますというのです。そして、あの国が起こした間違いを三つの言葉で表しますと、「WAR ON TERROR」だそうです。これほどバカなことはないと、彼が言います。「テロとの戦い」。この三つの言葉だけで世界的に評判が悪くなり、嫌われてしまって、何の意味も得もないということに、アメリカは今になって気付いたんです。6年かかったというのはどういうことなんでしょう？　最初から分かるはずの話でしょう。こういう発想は、うまくいくわけがないんです。こうした発想について、後半で「ノーシーボ」（NOCEBO）という言葉に関連して、さらに説明いたします。非常に悲観的で、マイナスな発想。

武力を使って武力を倒すという発想に、非常に病的で危険な心が反映されているということは、日本人なら誰もが分かる話です。でも、世界一のリーダーシップをとってる国には、なぜそれが分からないのか。うまくいくはずのない話なのに。

テンション（緊張）のエスカレート、チェスゲームとしてのイベント

本題に入る前に、もう少し、今の世界状勢について述べたいと思います。

２００８年６月、イスラエル空軍が地中海東部で大規模な演習を実施したそうです。ギリシャ上空など、東地中海地域で行われ、計１００機以上の戦闘機が参加したこの演習は、イランの核関連施設への空爆を実施出来る能力を、すでに有していることを見せ付ける事が狙いだったと言われています。

まるでチェスゲームのように、事が運んでいるのです。見れば分かります。

２００７年３月には、イギリスの海軍が逮捕されましたね。イギリスの船がイラクの周辺をパトロールしていてイランの海軍に逮捕され、みんなで謝らせられました。「すいません。悪かった」とか。

実際にサテライト（衛星）の写真を見れば、そこはイラクの海域であって、イランの海域ではなかったとのことです。何も不法ではないにも関わらず、イラン軍は彼らを捕まえたわけです。私たちは、テンションが非常に高い今の世界において、なぜこのようなことが起こっているのかという目で見なければいけません。

こうしたことは偶然ではありません。チェスゲームなのです。すべてはずーっと前から準

備された話であって、テンションはエスカレートしていく一方です。どのようにすれば攻撃できるか、つまり言い訳を作り出すことができるかという話にすぎません。そして、素晴らしい言い訳が、このイベントで1つできたんです。イギリスの、非常に貴重な人たちが、拘束されていたわけです。その一人は女性です。その女性はイランの女性と同じように頭にカバーをかけられて、恥ずかしい思いをさせられたのです。イランがいいとかアメリカが悪いとか、そういう話ではない。チェスゲームです。

世界的にそういった緊張のレベルが、どんどん上がってきています。牢屋の中に閉じ込められたわれわれの状態も、ますます厳しくなっていく一方で、そのすべてがわれわれの体に、個々の細胞に、反映されてきているのです。

だから、皆さんにズバリ聞きます。ご自身が、100%、完全に健康だと思われますか？思うという方は、今では本当に少ないようです。どなたも、病気という自覚はないまでも、100%健康だという自信はないわけですね。これはけっこう、恐ろしいことです。

見た目には健康そうではあっても、なんらかの故障や不安をかかえている人がほとんどなのです。現代人は、健康だという自信を持てないんですね。ひょっとしたらどこかに悪いところがあるんじゃないかとか、最近疲れやすいような気がするが、実は病気のサインでは、などという心配があり、これもますます悪化していく一方です。

インターネットで調べれば、WHOで行われた世界各国の人々の健康状態の調査結果が見られますが、もうめちゃくちゃです。これだけ医療が発達しているのにも関わらず、現代人の健康状態は悪くなる一方です。100年前の日本人のほうが、よほど健康的。寿命は短かったかもしれませんが、寿命の長さで健康を測ることはできないかもしれないですね。短い人生であっても、健康で思う存分に生きていた昔の人たちは、ものすごくパワフルだったと思うんです。今の人間は弱々しい。すぐに病気にかかる。免疫を持っていない。

その基本的な問題は、心にあるのです。そうに決まっているにも関わらず、現代文明のいわゆる唯物論的な医学では、そうした病気は治せない。今後の見込みもたっていないようです。

DNAの「進化の旅」

今回の話の主人公は、皆さんの中の、本当に奇跡的な存在である細胞です。まだお読みになってない方もいらっしゃると思うのですが、2006年10月に、私とグラハム・ハンコックさんの共著、「人類の発祥、神々の叡智、文明の創造、すべての起源は『異次元(スーパーナチュラル)』にあった」(徳間書店)が発刊されました。その中に、DNAに関して隠されている、異次元につながる話がありますが、それについて少しお話します。

　私の講演活動は16年以上になりますが、中心テーマは何かと聞かれたら、始めから現在に至るまでまったく同じです。「The Evolutionary Journey」、「進化の旅」についてです。特に、これからのわれわれの進化をいろいろな角度から見ていく、ということがテーマなんです。ですから当然、DNAの話にも没頭してしまうんです。


　DNAの最近の話は、また後でご紹介しますが、もう面白くてしょうがないんです。ただ、今までの私が言わんとしていることには、問題点もありました。なかなか検証し難い、信じ難い部分があったんですね。私のテーマとは、すなわちこれから2010年、2012年に向かって、人間は丸ごと変態してしまう、変容してしまうということです。変態とは、ある形を成している生命体からまったく違う生命体に変わっていくということなのです。

　今の科学界においては、誰もその発想を「ああ、そうですね」とは言ってくれません。ものすごく、異端的な発想です。「ありえない」とみんな言うわけです。「そんなわけないだろう。何十億年もかかってこれだけの進化なのに、あとほんの数年でさなぎがチョウに変わるように劇的に人間が変わるなんて、ありえない。アホか、おまえは」という反応なのです。

　でも私はもう、どうしてもこれだと確信しているんです。しかし、ある程度は検証できるようなデータがないと、いくら言っても異端者に過ぎないでしょうね。

自分のDNAを変えられたという人がいたとしても、証拠はまず出てこないと思います。

そんな人には、目の前で変えてみてもらいたいものです。

DNAのプログラムは、絶対的な定めの世界なんです。ですから、今の現代科学においてはDNAというコンピュータープログラムには、タッチできない。

もちろん、遺伝子工学的に、ある程度はいじることができます。しかし、人間の持つなんらかのパワーで変えるということはできない。だからこれは、ノータッチの世界です。テクノロジーがなければ、普通、人間は変態できないのです。

エピジェネティクスとホピの教え

しかし、実はそうではないと、最近分かりました。

そのサイエンスの名前は、「EPIGENETICS《エピジェネティクス》」というんです。でも、Wikipedia《ウイキペディア》で「EPIGENETICS」を検索して読んでみても、訳が分かりません。普通の人が読んだら、まったく理解不能でしょう。非常に複雑な定義なんですね。だから、これについて説明するために、まず自分でよく理解しようと、ものすごく本に没頭して、勉強してきました。そして、まあまあ理解できたつもりで話をしますが、ここに、DNAが変態する秘訣があるんです。

主人公は皆さんであり、テーマは進化であり、そしてわれわれ自身が、われわれの待ちに待った人々であるということに気付いていただきたいと思います。

われわれを救ってくれる、別の生命体はいません。どこかの神様が救いに来てくれるわけではないんです。われわれを救うのは、われわれ自身であるということです。

でも、おかしなエゴイズムに陥らないように、これについては1つの定義があるんです。実は、これが私がこのところ、一番好きな表現です。英語で言いますと、「We are the ones,we have been waiting for」日本語に訳せば、「われわれ自身は、われわれが待ちに待った人々である」となります。

これは、私の表現ではありません。ホピ族に伝わるスピリチュアルな教えと平和のメッセージを世界に伝えていたエルダース（長老）、トーマス・バニヤッカ（1901〜1999）の言葉です。彼は、「ホピ平和宣言」を起草したことでも知られています。

ホピ族

神に導かれて現在の土地に住むようになったのが1000年前で、マヤ文明の末裔とされている。「ホピ」とは「平和の民」という意味。神からのいろいろな予言を、「ホピの予言」として伝えている。ホピ族の住むフォーコーナーズにはウラン採掘所があり、日本に投下された原子爆弾の原料のウランは、ここから採掘された。

つまり、長い時代を経過した後、実際にわれわれは主人公であって、救い主だということですね。

さて、進化論には、定義、定説があります。

まずは、進化の話の中心人物について。

その人の名前は、チャールズ・ダーウィンですね。生物学的な進化について、誰が親分なのかと聞かれた場合、もちろんチャールズ・ダーウィンの名前が挙げられるわけです。素晴らしい科学者ですよ。19世紀のレベルにおいては、もう、超ハイレベルな人なんです。世界各国の動物、植物を徹底的にチェックして、新しい定説となっていく話を世界に提供した人なんです。

彼は、DNAの存在はもちろん、知らなかったんですよ。あの時代にはまだ、DNAのことは分かっていませんでした。1953年にクリックとワトソンがDNAの二重螺旋構造について発表し

チャールズ・ダーウィン（1809〜1882）

イギリスの自然科学者。ガラパゴス諸島での観察から、すべての生物には変異があり、その一部が親から子へ伝えられ、生存と繁殖に有利になる物がそこにあると考えた。資源を生物同士が争い、それが繰り返されることによって「自然淘汰」による進化論を提唱。現代科学における進化論の方向性を確立したことで知られる。また進化論以外でも生物学上のいくつもの重要な功績を残した。

た論文で、初めてはっきりと分かったんですからね。ＤＮＡについて何も知らなかったにも関わらず、とてつもない説を唱え、それがたいへんに論理的だったので、その後は定説となったのです。

しかし、論理的といいましても、その時代の背景は１９世紀の欧米中心の世界でした。あの世界を今思いますと、キャピタリズムの始まりなんです。資本主義の世界が、始まろうとしている時代でした。

資本主義では、強いもの、能力のあるものが勝つでしょう。弱いもの、あまり能力のないものは負けてしまう。これは当たり前です。なぜ当たり前かといいますと、ダーウィンは強いものは生き残って、弱いものはだんだんと淘汰されるということを科学的に言ってるわけですからね。彼の進化論は、キャピタリズム万歳という世界でしたから、ものすごく受け入れられやすかったのでしょう。

あの頃の世界がもしも、共産主義の世界だったとすれば、そんなに肯定されはしなかったでしょう。アメリカ、ヨーロッパのあの時代だったのですから、強いのは白人たちです。「世界を支配しようぜ」と。

まあ、そうはっきりとは言っていませんでしたが、結局、そういう精神なんですね。強いものは生き残る、弱い者は去れ、ということなんです。だからダーウィン論が受け入れられたということは、何にも不思議なことではないんです。

今の世界でそのような説が新たに提唱されたとすれば、皆さんは「そうかな」と懐疑的にみたかもしれません。本当に、強いものだけが生き残るべきなのかとか、では弱いものはどうするんだとか、そんなに差別があっていいのだろうかとか、議論がわくでしょうね。しかし、あの時代には疑ったり、議論をしようとしたりする人々はあまりいなかったのです。

けれども、彼より50年前に、私から見ればもっともっと優れた進化論を提唱していた人間もいたんです。ダーウィンの競争相手のようなものです。

ラマルク――とてつもなくハイレベルな進化論のパイオニア

世の中には必ず陰と陽があるがごとく、対照的とも言える説があったのですね。ダーウィンはどちらかというと、男性的な「陽」を表すわけです。彼が唱えたのは、制限されている領域内で人間や生き物は戦う、そして、強いものが生き残る、ということでした。制限というコンセプトは、とても大切です。物が少ないと、強いものがそれを取ってしまう。それが、自然の法則だというわけです。

でも今は、それは単にひとつの見方に過ぎないと思えるんです。

さて、彼の競争相手は誰だったか、分かりますか？　実は、ダーウィンは晩年にけっこう、後悔したんです。死ぬ前に後悔するというのは、よくある話ですね。「ちょっと言い過ぎだったかもしれない」とかね。アインシュタインもそうでした。「いやぁ、間違ってたかも」ってね。けれども、むしろその方が、まともな科学者なんです。なぜなら、新しい仮説は毎日のように立てられます。今は仮説が存続する期間が、短くなっています。コミュニケーションの精度が高まっていますからね。19世紀のイギリス、アメリカには、電話もなければコンピューターもありませんでした。だから、1つの定説というものが長生きする。反論する人が少なかったのですね。今は、仮説があっという間に知られ、やはりあっという間に反論される。そして、反論の件数も多いのです。

だから今日、定説になっている論の提唱者も、明日はバカだということになってしまう。何が何だか、訳が分からない状況です。

彼の競争相手は、ジャン・バティスト・ラマルク（Jean-Baptiste Pierre Antoine de Monet, Chevalier de Lamarck）。天才的な科学者でした。ダーウィンの50年前に大活躍をした人であって、ダーウィンの一番のライバルになった人です。

今、彼の名前はまったくといっていいほど知られていません。しかし、彼の提唱した説の内容は、今回の話にものすごく密接に関係しています。とてつもなく高いレベル、進化論のパイオニアです。

彼が提唱したのは、お互いに協力し合う者は、長く生き残るということでした。言い換えれば、環境の変化に対応していく、委ねていく生命体が繁栄するということなのです。ラマルクの言っていることは、ダーウィンとはぜんぜん違うわけです。

ジャン・バティスト・ラマルク（1809～1882）

フランスの生物学者。従軍の後に博物学に関心を持ち、フランスの植物相に関する多数の著書を著した。その後、無脊椎動物、軟体動物の研究を経て、生物の種は長い時間の中で、変化するものであるとの確信を持つに至った。その説明の大筋は、彼の1809年の著作『動物哲学』の中に記されている。広く進化と遺伝全体について論じたものである。ラマルクのいう進化論は一般に用不用説と呼ばれる。

そして、その危機を体験することによって、生命体はどんどん進化していくということ。彼は、進化について言えば、危機は良いことだと思ったんですね。危機は悪いことではなく、それがあってこそ、進化のスピードが速くなるということです。この説明も、後ほどいたします。

そして、何が一番大切かというと、その生命体をとりまく環境だと言ったのです。しかし、彼はバカ扱いされてしまって、今でも、ほとんどの科学者はラマルクの名前を聞いただけで、「へ、へ、へ（笑）」という感じなのです。

今の科学者は、やはりダーウィン論に反論するだけのガッツがないんです。なぜならそれが、定説だから。定説になってしまうと、なかなか変えたくありません。あと二人の違う人物の名前を挙げれば、もっとはっきり分かると思います。

ニコラ・テスラのフリーエネルギー的発想とは？

電気的な装置を作り出すといった世界において、一番有名な人物といえば？　エジソンですね。しかし、そのエジソンの競争相手で、もっともっとレベルの高い、優れた科学者がいたんです。彼はニコラ・テスラ（Nikola Tesla）という男でした。近年、そのテスラをモデルにした映画もできています。デビッド・ボウイ（David Bowie）というイギリスのロックスターがいるのですが、彼は時々、映画にも出ています。

この間、飛行機で「The Prestige（プレステージ）

ニコラ・テスラ（1809〜1882）

電気技師・発明家。交流電流、ラジオやラジコン（無線トランスミッター）、蛍光灯、空中放電実験で有名なテスラコイルなどの多数の発明をした。また無線送電システム（世界システム）の提唱でも知られる。磁束密度の単位テスラにその名を残す。詩作、音楽、哲学にも精通していた。一時期はかのエジソンのもとで働くが、価値観の違いから、のちに独立したという経緯がある。

というその映画を見ました。１９世紀の、あるマジシャンのストーリーです。その中で、当時のステージマジシャンが一番やりにくかったトリックは、「テレポーテーション」だったんですね。昔のマジシャンは、ものすごいトリックを使ってたんです。ここにある人がいるかと思うと、一瞬で消えて向こうに現れるというもので、どうやっているのか、みんな理解できませんでした。スーパーハイレベルのマジシャンは、実際に、本当にテレポーテーションができると思わされていたんです。トリックだけではなく、実際にテレポーテーションができるようになると思った登場人物が、テスラの研究所に行く場面がありました。

アメリカにあるその研究所は、電磁波を使ったとてつもなく大きな施設でした。そこで、ものすごい高圧の電気を使って、とんでもない実験をやった人というのがそのテスラなんです。テスラは貧乏で、もうブロークンハート（傷心）で死んでしまうのです。一方のエジソンは、今となっては駅貼りのポスターになるほどメジャーな人。しかし、本当のストーリーを知ると、ものすごく意地悪なおっちゃんだったことがわかるのです。競争相手を殺しまではしませんが、駄目にすることにものすごく

テレポーテーション

オーバーテクノロジーや超能力の一種とされる。物体をある場所に転送したり、自分自身がある場所から別の場所へと瞬間的に移動することを意味する。またはその技術や能力。瞬間移動・テレポートとも呼ばれSFなどでも題材にされることがある。SFにおけるテレポーテーションの概念はいくつかの例がある。

エネルギーを注いだ人だと、今では分かっています。競争相手がいると、社会的に抹殺しろと。いろいろな人に、そいつを消せと指令を出す。

自分の会社が伸びるために競争相手を消そうとすることと、いっしょですね。どちらかというと、すごくダーウィン的な発想なんです。

しかし、ニコラ・テスラはフリーエネルギー的な発想を持っており、共有しよう、みんなでいっしょに生きていこうというスタンスでした。でも、キャピタリズムの世界では、受け入れられるわけないですね。全部フリーエネルギーになってしまえば、今でも世界を牛耳っているといわれているエネルギー業界は儲からなくなってしまう。だから、彼の名前は消される。

でも、ラマルクは、ダーウィンの50年前にこの話を理解していた素晴らしい科学者だったのです。

数年前、『サイエンス』という雑誌に、ひょっとしたらあのラマルクはそんなにクレイジーではなかったかもしれないという話が掲載されました。そして、今回の話で最も重要な部分は、環境が変わればどうなるかということです。突然の環境の変化によって、人間の体、人間の細胞、人間のDNAはどう変わるのか。これが、ラマルクの説のメインテーマでした。人間だけではありません。生命体全体についてです。でも、問題は環境ですね。

アル・ゴアさんのおかげもあって、今、私たちはものすごく環境問題にフォーカスさせられていますが、アルちゃんにもちょっと問題がある……と、最近分かりました。突然、ハリウッドスターと付き合ったり、王様のようになりつつあるのですが、その背後には、ある働きがあると思われるのです。

彼は素晴らしい方で、きちんと役割を果たしていると思うんですが、メッセージをよく、よく、よく、目をこらして見てみましょう。そのメッセージを一言で言うとなんでしょうか？　みなさんもご存じのように、異常気象、CO_2の問題もいろいろとある中で、解決方法として彼が唱えているのは、一言で言うと「カット！」でしょう。削減、「カット！」です。制限されている世界で、制限されている資源で生きているわれわれに、「カット！」

これは、心理的にもあまりよい影響を与えません。ものすごく、ダーウィン的な発想なん「カット！」「カット！」、削減、削減、削減……という呪文が唱えられています。

それを毎日聞かされるわれわれは、「そうだね、そうそう。やっぱりアル・ゴアちゃんのいうことは絶対間違いない」と思わされてしまいます。とにかく、「カット！」。もう、丸ごと切れということ。

けれども、はたしてこれはよいメッセージなのでしょうか。私は、ちょっと考えさせられました。どうかな、この「カット！」。それは、本当に有効な解決方法になるものでしょうか。

ゴアさんが映画「不都合な真実」の中ではっきり言っているのは、「これは政治的な問題ではなく、モラル的な問題です」ということ。とんでもありません。これはズバリ、はっきり言うとスピリチュアル的な問題です。何がモラル的な問題なものですか。これだけの影響力がある人に対して悪いけど、問題はスピリチュアルです。

この人ははっきりというだけのガッツがないから、モラルという中途半端なことを言うだけです。「人間の心の問題です」と。だから、その心をはっきりとらえて、どういうふうに心の問題なのか、その心はわれわれの体にどう影響を及ぼすかが問題なんじゃないですか。

ほとんどの方は、現在、自分は完全な健康体じゃないと思っているでしょう。私だったら、「健康です」とはっきり言えます。そういう精神がないと、生き残るのはたいへんですよ。いくらボロボロになっても、健康だと思う、言い切る精神。

それは、牢屋から出てきた僕の友達の精神なんです。彼は、牢屋の中でボロボロになりました。彼は精神力が強く、健康だと思い込んでいましたが、牢屋ではそれはもう、すごいんです。最初の30日間、中でプッシュアップをやったり、エクササイズをやったり、日記を書いたりしていました。2カ月目になると、やはり、自由に人に会えないのが非常につらくなります。そして、70日目にもなると、かなりきます。もう、ボロボロです。

それに近い状態だというのが、今のわれわれ全体、人類的な問題ですね。ボロボロだということです。

そこで、このエジソンについてはいろいろとお世話になっていますが、ラマルクやニコラ・テスラのほうにもう少し注目していかなければならない時代になっているのではないかと思うのです。あの映画で、デビッド・ボウイ演じるニコラ・テスラは、本当にテレポーテーションができる装置を作ってしまう。しかし、そのテレポーテーションというのは私たちがこれまでイメージしたものとちょっと違うんです。ある人間がその場から消えて、別のどこかに現れるという話ではなく、そっくりのコピーが別の場所にできてしまうんですね。つまり、二人の同一人物がそこに存在してしまうということなんです。だから、カーテンで隠された小さなスペースから、仕掛けによって床板が抜けて下に落ちたオリジナルの人間は、水槽の中で溺死するようになっています。二人の同一人物がいるといろいろな不都合があるから、元の自分は殺してしまうのです。

さて、そっくりのコピーを作ってしまうテレポーテーションの実験は、テスラのおとぎ話ではありません。実際に、強力で特殊な電磁波（テスラ波）のパワーで、いろいろなことができる世界になっているんですが、どうしてもエジソンとか、ダーウィンというパラダイムが強く残っているんです。

陽と陰——日本人の精神の大切さ

しかし、日本という国は、どちらかというとニコラ・テスラのサイドなんですね。陽というよりも、陰なんです。協力し合う。一番強い者が生き残るという世界ではありません。

また牢屋に入った友達の話になりますが、彼には17億円が手に入ったのです。それまでの流れを少しいいますと、彼の会社には何千人もの社員がいて、社員たちが会社の株を買うために、借金をしたんです。その会社がつぶれてしまい、社員たちは借りたお金の返済をしないといけなくなりました。仕事もなくして、借金も抱えているという状況、最悪ですね。

よくあるパターンとしては、社長は自己破産して逃げてしまって、行方不明になったりするのですが、彼は消えませんでした。残った社員の借金をきれいにしなくてはいけないと、すべての社員の、場合によっては1億円もの借金をクリアしようと努力する人なんです。自分のことは、何も考えません。自らの借金は、その段階で90億円だったのですが、それよりも、まずは社員全員の借金をクリアしようと努めました。

その一心で動いていましたら、ある日、彼の手元に17億円が入って来るというすごい奇跡が起こりました。社員の借金を返すには充分な額でしたが、通常ではありえない話なんです。三次元的な、因果関係的な世界においては、ありえません。しかし、そういう心の持ち主に限っては、ありえたんです。この世には、不思議な働きがあるんですね。この次元だけの働きではないと思います。

これが1つのヒントなのですが、大切なもの、それは日本人の精神です。自分よりも周りの人のことを優先して考えて、手助けをする。そして、後で自分にも戻ってくればそれも嬉しいけれども、戻ってこなくてもかまわないという精神。

彼がまずは、どうやって自分の借金をクリアにしようかと考え、悩んでいたとしたら、たぶん今、病院に入っています。死んでいたかもしれません。

また戻って、ダーウィンの話と、ジャン・バティスト・ラマルクの話。陽と陰です。繰り返しますが、ラマルクの説は、一番強い者が生き残る、ではないんです。一番協力し合う者たちが一番強く、そして健康的に生き続けるという進化のステージです。

でも、ラマルクは、教会にも、国にも、科学界にも、結局責められるんです。なぜならば、教会というシステムもダーウィン的だからです。ピラミッド社会なんですね。カトリック教は、非常にいい例です。

まだ具体的に発表はできませんが、極秘のプロジェクトが現在進行中で、もうすぐ、本当にもうすぐ、教会システムがつぶれるようなニュースが世界的に出ます。

もう、こういう時代ですから、いつまでもそんなシステムは続かない。結局、これまでの政治システム、教会システムは、同じなんですね。昔はレリジョン（religion）という呼び方を使っていたのが、今はポリティクス（politics）という呼び方に変わってきただけで、同じです。ピラミッドの上の方の連中は、下のみんなを支配しているということです。いろいろときれいな言葉を使っていますね。「みんなの心を救うためです。われわれは皆さんのことを考えてるんですよ、心から……」って。でも、もうばれちゃいます。今から、マスクをはずされます。かなり醜いやつらが出てきますよ。悪いのが続々とね。

ダーウィンのモデルは、何に基づいてるか。それは、「FEAR《フィア》」、恐怖です。強くならなければ生き残れない。儲からなければ駄目。強くならなければ外されるという、「FEAR」ベースの発想であり、一方、ラマルクの中心発想は、「BELIEF《ビリーフ》」です。信ずるということ。協力するパワーのほうが強いのです。お互いにお互いを大切にしていけば、その信念だけですごいパワーが出てくるんです。

コンシャス・エボリューション——意識的進化の時代の到来

さて、改めてご紹介します、ある女性です。女性の話は、とても大切ですが、今は女性の時代だからとは、絶対に言いません。そんな中途半端なことを言ったってしょうがないですからね。これからは、男女の時代です。男性と女性が、完璧に協力し合っていく時代です。進化した男女関係が、これからの時代を作っていくのです。ロールモデル（お手本）はすでに、存在します。

女性の、とても優れたロールモデルの一人は、76歳になりました。素晴らしいおばぁちゃんです。バーバラ・マークス・ハバード（Barbara Marx Hubbard）というお名前です。彼女の本は、日本でも1冊出ています。この翻訳版のタイトルは、『意識的な進化～共同創造（コ・クリエーション）への道』（ナチュラルスピリット）です。1982年に書かれた本ですが、この本の内容から引用したいと思います。

バーバラ・マークス・ハバードは、未来について世界一、詳しい人だといわれています。世界一の未来学者です。誰がそう言っているかといえば、ジオディシック・ドームを発明した、天才的な未来学者である、バックミンスター・フラーです。

バックミンスター・フラーはとてつもない発明家で、その一つに電気をシェアするという発想を持っていました。簡単に例えるならば、今、この地球全体の半分は暗く、半分は明るいですね。太陽光がありますので、半分は照明がいらなくて、残りの半分には必要です。すごくシンプルに、明るいところの光エネルギーを、暗いところで使えば、資源をあまり使わ

リチャード・バックミンスター・フラー
（1895〜1983）

アメリカの思想家、デザイナー、構造家、建築家、発明家、詩人。
生涯にわたり、人類の生存を持続可能なものとするための方法を探り続け「宇宙船地球号」という言葉を広めた。デザイン・建築の分野でもジオデシック・ドーム（フラードーム）という発明がある。これによく似た構造体は化学の分野でも見つかっており、フラーレンやバッキーボールと呼ばれている。

なくてよいということ。照明にも資源が必要ですからね。もし、地球の半分で常に使われる照明用のエネルギーを、明るい反対側からシェアできれば、節約できる資源はとてつもないでしょう。そのようにして、あらゆる資源や信頼できる情報のアンバランスを、バッキー（ボール）と呼ばれる効率的な仕組みとデザインで解決できる。これがバックミンスター・フラーの発明です。それをどうやったらできるかを、彼は具体的に説明したんです。

そのレベルの高い学者が、今の世の中で一番フューチャー（未来）に詳しい人物の名前は、バーバラ・マークス・ハバードだとはっきり言いました。

だから、ちょっと注目すべき人ではないかと思って、彼女と会いました。１９９２年、カナダで会い、私が一番最初に書いた本『マージング・ポイント』の中で、彼女の優れた発想について説明をしています。

あれから、彼女はずっと頑張っています。どういう女性かというと、もともとは普通のお母さんでした。子供を4人育てた普通のお母さんだったこの人は、ものすごく好奇心の強い女性なんです。好奇心の強い女性の頭にあった、一番強い疑問とは、なんだったのでしょうか？

20世紀、21世紀、これだけテクノロジーが発達している。DNAを操作することさえできる。宇宙にだって飛んでいける。とんでもないスピードで、コンピューターの世界も進化している。人間がついて行けないほどの速いスピードで……。

彼女は、8歳の時に、アイゼンハワー大統領に会うことにしました。アイゼンハワー大統領に、彼女はすごい質問をしたのです。

「ミスター・プレジデント、どのようにしたら、今のわれわれの素晴らしいサイエンスとテクノロジーの発展を、良い目的のために使うことができるでしょうか」と。

良い目的で使う、ここがミソですね。これだけ先端科学の技術を使って、コンピューターを使って、DNAの研究が進み、スペースシャトルが飛ぶ世界で、その発展を良いかたちで使うにはどうしたらいいのかと、アイゼンハワー大統領に聞いたときに、彼は、「分かりません」と言ったんですって。大統領がですよ。

たぶん、ブッシュちゃんに聞いても、「え？　質問の意味が分かりません。え？　もう1回」

となるかもしれません。答えられないんですね。

では、何のためにこれだけの技術の発達があるのかということです。良い目的のために、どのように使うのかということ、これが答えられなかったのだから、8歳だった彼女はすごいショックを受けたんですね。世界一の人が、8歳の子供に答えてくれなかったわけですから。

だから、彼女はそのときに決心しました。

「私は、死ぬまでにこのことを解決します。何のために、これだけ速いスピードで進展があったのか。どう使うべきか。この答えを、私は探し求めていきます」と。

大人になった彼女は、子供を育てながらも、先端科学者、哲学者、宗教家に頻繁に会いに行くは、いろいろな人の意見を聞いて廻るは、いろいろな難しい仮説を理解するは、と、ものすごい活躍ぶり。

それと同時に、やはり政治的な活動もしないと役割を果たせないと思ったのです。

皆さんは、これまでにアメリカの政治のステージに立った女性の名前を、どれくらい挙げられますか？　中でも、大統領レベルのステージに立っているのは、今はヒラリーちゃんですね。ジェラルディーン・フェラーロという人もいます。副大統領選に最後まで残った人です。

そして、バーバラ・マークス・ハバード。この女性も、もうちょっと頑張れば、副大統領候補者になりました。半端じゃないでしょう。

その女性の今の中心的な活動は、意識的進化論を唱えることなんです。「コンシャス・エボリューション」、意識的進化。

すなわち、私たちは勝手に化けていく生命体じゃないよということを唱えています。われわれは、待ちに待った人々である。すなわち、われわれのこれからの努力、これからの意識的な改革によって、これからの進化のステージができていくという、意識的な進化です。

そして、彼女は映画も作るようになりました。実は、私はその映画、映画といってもＤＶＤなんですが、シリーズで8作を制作しようとしています。

『HUMANITY ascending』というタイトルです。上昇していく、アセンションする人類という、とんでもない内容のＤＶＤです。全部で8作といえば、すごい長編になりますよね。

そして、いろいろな会場で上映できるよう、世界的にたくさんの協力者を今、彼女は募集しています。日本で一番早く名乗りを上げたのは、私です。今後、サポートしていきます。

字幕スーパーを付けるのはたいへんな時間とお金がかかるので、後日どこかでこの内容を通訳しながら上映会をしようと思っています。そして、その利益を彼女にきちんと配分するということで、その権利を買いました。本当に素晴らしい内容です。とても分かりやすいものです。

７５歳の彼女が、意識的に進化するにあたってどうすればよいのかという、具体的な説明をしています。彼女は今、大活躍していますが、やはり映画のパワーもありますね。映画は、すごくパワフルなものです。

彼女の映画も、字幕スーパー付きというかたちで出すことができれば、一番いいのですけどね。字幕スーパーを作るのって、それはもうたいへんなのです。

以前、ハンコックとの対談のＤＶＤを作ったんです。コンピューターの前に座って、ＤＶＤのプレイボタンをオン。「べらべらべらべら……」と少ししゃべったところでストップ。私が日本語に通訳すると、アシスタントが活字としてインプットしてくれます。

そして、文章の長さなどを合わせるんです。映画ですと、字数が制限されていますからね。一度に表示される字幕は２０文字までが基本です。１行あたりの文字数は、原則、１０文字までです。

だから皆さん、例えば映画『マトリックス』を字幕を読みながら観ても、あの内容は９％しか分からない。だって、英語のネイティブスピーカーでも、かなりの哲学、グノーシス主義とか、プラトンとか、教養がないと訳が分からない部分がたくさんあります。字幕スーパーだけで理解したと思ったら、大間違いです。ほんの一部分しか分かっていない。それだけ、字幕スーパーはたいへんなのです。

さて、『意識的な進化』というタイトルの本は、25年前に出版されました。まだ、インターネットがない時代です。今は、ちゃんとFoundation for Conscious Evolution（意識的な進化のための財団）という機関があって、かなりハイレベルな科学者も、彼女をサポートしています。

この女性は、とても高い評価を受けている女性ですので、ぜひ、紹介したいと思いました。彼女は、われわれの進化の旅を非常にうまく説明してくれています。

われわれは、今までの生物の進化について、もう1回考え直さなければならないと思います。皆さんは今、そこにいらっしゃるけれども、皆さんの祖先の祖先の祖先の祖先の祖先の……と、たぶん私が1日が終わるまで「祖先、祖先、祖先」と言い続けても、足りないくらい遡れるのです。そこに辿り着くまでに、どれほどの年月がかかったことでしょう。その進化のステージを、もう1回考えていきたいと思います。

人間をデザインした知性的存在とは？

ここで、200億年分の話をしましょう。そもそもの始まりについて、仮説は多いです。われわれの進化論の背後に、科学論も当然あり、その科学論自体が今、問われている時代です。私も、自著などでかなりその理論にアタックしています。

その理論とはすなわち、ビッグ・バン説です。われわれの素晴らしき宇宙は、破壊によって始まったとする理論ですね。想像してみてください。爆発で始まったということを。

例えば、東京は爆発で始まったと誰かが説明したら、たぶん引くでしょう？

「この街はどうやってできたと思う？　あのね、爆発があったって。それでね……、できちゃった」

「……そうですか（ハア？）」

「ちょっと時間がかかったけどね。爆発だって。それで、できた。ボンッと、東京が」

「ほう……、すごいですね」って。

だいたい、爆発って聞いたら破壊的なイメージが出てくるでしょう。何か殺すとか、消すとか、そういうイメージですよね？　だから、こういう仮説はだいたい男の発想なわけです。男には、けっこう破壊的な部分がありますからね。俺たちは、反省しないとアカンね。

でもビッグバン説は今、科学界で広く認められているわけだから一応あったとしましょう。まずは、何にもないという場所に……、場所っていう言葉さえ使えないですね、何にもないわけだから。何にもない空間、まだ宇宙はできていないわけですから、何も存在していないのです。まず、そんな空間を想像できますか？　何にもないところに物質の創造が始まったのです。パッパコ、シュー……と。

これが、約150億年前といわれております。毎日のように、その数字は変わるわけですが、まあいいでしょう。150億年前から始まるお話です。なぜならば、皆さんが存在するため、生物は環境がなければありえませんから、宇宙が必要なわけですね。150億年前は大きな山のふもとだったとしましょう。そして、生命の進化のプロセスは、山を登っていくようなものと考えてみましょう。われわれは今、どこにいるかというと、この頂上あたりでしょうか。

彼女の説では、山の中心部に赤いマグマのようなイメージがあり、それを生命エネルギーの背後にある、何らかの知的存在だとしています。何らかの知的存在なんてないと唯物論科学者が唱えていますが、そもそも、そんなアホな話はやめましょうと言いたいところです。統計学者に聞いてごらん。われわれのような存在が、ランダムに、偶然的に、宇宙に現れる可能性は、何百兆分の1の確率です。偶然的に現れてくるなんて、ほぼありえないのです。

これを「人間発生原理」といいます。人間発生原理とは、われわれは今、ここにいるということを、最初からプログラムが組まれて計画されていたという科学論です。

今、ここでこうして進化の話を知ることができるように、単細胞、複細胞のプロセスを経て、最初の瞬間からこれまで、われわれにはすべてが決定した計画があるということです。

それを、今の流行り言葉でいいますと、デザイナー・インテリジェンス（designer intelligence）、デザインする、知性的な存在となります。昔の人間は、もっと素直だった。それを、神という。でも今は、神様という呼び方はちょっと、逆にヤバい言葉だそうです。だからその呼び方はやめて、デザイナー・インテリジェンスですね。なんだかかっこいいですね。デザイナーだなんて。

そして、ＤＮＡを勉強すれば勉強するほど、もう驚きであごが外れてしまうくらい、レベルが高いプログラマーの存在を感じます。こんなことがランダムにできるものですか、ないない、と。

この旅は、１５０億年前から始まります。

進化のプロセスにおいては、陰と陽のごとく、二つの側面があります。表舞台があり、裏舞台がある。上に向かうもの、下に向かうものがあります。

進化けて進んでいく側面があれば、破壊、絶滅させられる側面もあります。絶滅などは、進化のステージの裏舞台です。それを見ないで進化できると思ったら大間違い。二つの側面は、表裏一体のごとく、必ず現れてきます。

彼女は、見事にこのことを解明した人なんです。まず、宇宙というステージができて、そこに、われわれとしては星が必要だったのですね。この星、地球の年齢は何歳なのか？　本当かどうか怪しいものですが、地質学者のいろいろな研究も含めて、一般的な仮説として、宇宙の年齢は150億歳でしたね。とっても長いでしょう?

そして、地球は45億歳。つまり、宇宙誕生から、地球が誕生するまで105億年かかったわけです。もう、めちゃくちゃ長い。

われわれのステージは、地球の誕生によってようやくできました。しかし、地球ができてものすごく長い間、生命はなかったようです。

それは、私もそのとおりだろうと思います。最初から、インスタント・ブルー・プラネットができるわけがない。進化のプロセスがあるとすれば、徐々にクールダウンして、海が形成されてくるわけです。

だから、われわれの元々の祖先は単細胞です。われわれの究極のじいちゃん、ばあちゃんは、たったの1個。

単細胞たちは、どこで生活していたんでしょう? 東京都内じゃないでしょうね。それはきっと、海でしょう。海で生活していたんです。単細胞は、ものすごく面白いんですよ。死なないんです。もう、エンドレスにコピーしていくんです。1個、1個、1個、1個、1個……と、やることは増えることだけ。みんな、単純なものたちです。海の中で、増える、増える、増える、増える、増える……。なんで増えるのか、お互いに話を聞くこともありません。ただただ、増える。増えるだけ増える。ものすごく単純なものたちで、ずーっと増え続けるのです。

あの頃の地球は、今の地球とは違い、酸素はありませんでした。でもある日、光合成というプロセスが始まったらしいんです。光合成が始まると、その副産物は酸素。でも、単細胞たちにとっては、その酸素という気体は毒ガスだったようです。われわれの今の地球に、メタンガスが急速に増えているのに等しいのです。今は、CO2も含めて毒ガスが増えて、敏感にそれを感じるわけですね。

実は、今の日本、この東京における空気中の酸素量は、私の大好きなカナダのネルソンという町の酸素量に比べると、みんなよく生きてるわと思うほど少ない。もう、60%しかないそうなんです。東京に暮らす人々が吸う酸素量は、カナダ人の60%しかない。にも関わらず、バリバリ仕事して、お酒も飲んで、睡眠不足になりながら、そんな量の酸素で生きているということは奇跡的です。カナダ人はのんきな性質ですよ、あれだけ酸素を吸うと。各国の人々の気質と酸素量は、関係あるかもしれません。

でも、日本は今のままでいいのかもしれません。酸素を増やしたら、生産性が悪くなるかもしれませんからね。みんな、もっとよく寝られるし、もっとのんびりするようになります。今は酸素不足だから、動かなくちゃならないような気になっているのかもしれません。

酸素は、どんどん減っていくそうです。だから、実は東京は、すごくスロー・スピードで窒息していってるんです。こういう問題では、世界一深刻かもしれません。メキシコシティも、かなりたいへんらしいです。測定すれば、驚くべきデータが出ることでしょう。

人類は宇宙で進化した――パンスペルミア説とは？

さて、言いたいことは単純です。この単細胞が、海の中で増える、増える、増えるとともに、オーバー・ポピュレーションになってしまう状況までいくそうです。もう、単細胞だらけ。そんなに増えるか、おまえたち、という状況の中、危機がやってきます。その危機がやってきたときに、ある緑色の物質のおかげで、奇跡的に光合成が始まったのです。その物質、葉っぱの中のグリーンのものといえば、いったい何でしょう？

そう、葉緑素、英語でクロロフィル（chlorophyll）といいます。あれは、奇跡的な物質です。不思議なメカニズムによって光合成します。

それでどうなったかというと、酸素が大量に出てきました。それに対して、単細胞たちは非常に困ったのですね。対応できませんでした。絶滅です。オーバー・ポピュレーション（人口過多）、プラス、その毒ガスの問題で大危機にさらされるようになりました。その時の単細胞の立場と、東京にいるわれわれの今の立場は同じだなと、皮肉に思うわけです。

オーバー・ポピュレーションとガス中毒というダブルパンチで、どうにかしないといかんぞという問題に対して、デザイナー・インテリジェンスには、最初から答えが分かっていました。それが、「単細胞の時代は終わったぞ」ということです。「これからは、複細胞の時代ですよ」となったのです。

複細胞と単細胞は、どう違うか知っていますか？　これは、すごく面白いのです。単細胞は、半永久的な存在です。ずっと生き続けて、死なない。そして、性生殖もしない。勝手にパッパッパッと増えるわけです。

しかし、複細胞がステージに上がれば、二つの側面が同時に出てきます。死とセックス。DEATH & SEX。実は、これはペアなんです。性生殖ということが始まってからは、今度は生命が生まれてきて死ぬようになるということです。

だから、皆さんに最も覚えておいていただきたいのは、ここに、ショックがあるということなのです。ガス中毒やオーバー・ポピュレーションの危機にさらされることによって、単細胞が違う形に変態するというプロセスを経なければ、その生命プログラムは終わります。もう、フィニッシュです。

海が単細胞だらけになると、ある時点で限界がきます。死んでしまうのです。でも、奇跡の複細胞が、そこからものすごい勢い、ものすごいスピードで増えていくのです。その時点からは、原始的な魚から哺乳類に至るまで、複細胞がどんどんと進化していく、スピードも増していきます。

地球の誕生が45億年前だとすると、単細胞が現れたのが約40億年前だと言われています。そして、長い長い間、単細胞は心地よく暮らしましたが、危機にさらされるようになり、約8000万年前に複細胞に変わります。

そして、性生殖と死がその進化のステージに現れてきましたが、その次に出てくるのが、われわれの祖先といわれる、猿人類です。今でもモンキーなどは、近い親戚だといわれています。モンキーとかゴリラの後、霊長類に進化したものが出てきます。その時期は、600万年前から、200万年前の間だといわれています。

実は、私とグラハム・ハンコック氏との対談の中で、ちょっとバトルになったのがこの部分です。彼は、けっこうダーウィン論を信じているということが分かりました。彼は、人間は猿人類から進化したということに、イエスといいます。

しかし、実はこの生命がある時突然に現れるという奇跡、神秘がある中で、どうやってDNAがこの星にたどり着いたのかということを、まだ誰も説明できていません。よく冗談でいうのですが、現代の科学には、コズミック・スープ説があります。キャンベル・スープじゃなくて、コズミック・スープ（笑）。

その説の例えを引用すると、スープの中で、例えばどこかのある単細胞が、偶然に別の単細胞にぶつかっただけで、シュポー……、ＤＮＡができたんだそうです。宇宙一賢いコンピューター・プログラムであるＤＮＡがですよ。そんなことが起こりえるなら、ぜひ見てみたいものですね。

やはり、この仮説は違いますね。フランシス・クリックも、フレッド・ホイルというイギリストップの天文学者も、パンスペルミア説を唱えました。パンは全体、スペルミアは精子のことです。

すなわち、どこかの星からこの星に向けて、ロケットに精子を乗せて、ＤＮＡを乗せて、自分の子孫が残るように送り出したという説です。

どこかのＳＦ小説家が言い出したのではありません。ＤＮＡを発見した、フランシス・クリックが言っているんです。彼こそ、ＤＮＡの秘密が一番よく分かる人でしょうね。

そのクリックが、インタビューされていました。

「どうやってＤＮＡは生まれたんですか、先生」と。

彼は答えました。

「こんなに複雑なプログラムが組み込まれている生命体は、どう考えてもランダムに、偶然にできるものではありません。絶対に背後に計画性がある」。

「では、どうやってですか」。彼は半分冗談で、でも真剣に言った。

「考えられるのは1つだけです。どこかのもっと進化した文明における生命体たちは、絶滅の危機にさらされたときに、自分の子孫を残すために別の星に送り込んだ。ロケットに乗せて送り込んだことが一番考えられますね」と。

イギリスの天文学者でＳＦ小説作家の、フレッド・ホイルもそう言ったんです。彼は、パンスペルミア仮説（胚種広布説）を唱えました。生命は宇宙で進化し、胚種（panspermia）によって宇宙全体に広がったという説です。

すなわち、生命の源はこの星ではない。だから、みんな宇宙人だということです。はっきり言います。ＤＮＡのレベルから、地球外生命体なのですよ。

ハンコック氏も、それを認めています。パンスペルミアを認めているわけですが、進化のプロセスの途中で、もっと進化した地球外生命体がモンキーのＤＮＡをいじった、という説に対しては、「いやいや、それはないね」との反応でした。私とも討論したんですが、「ノー、それについてはノー・ディスカッション」という結論になりました。今の科学の世界では、これは認められていませんからね。

私が納得しているのは、みんなのお母ちゃん、おじいちゃん、そのずっと前のご先祖は、宇宙人だということです。直接的に、われわれのＤＮＡをいじったというのは、アダムとイブの話になるでしょう。アダムのあばら骨から、イブが作られたという話。これすなわち、ＤＮＡに決まっています。一部を取ってもう一個作るというのは、ＤＮＡのレプリケーション（複製作り）でしょう。

旧約聖書のストーリーは、ＤＮＡ操作のメタファーでしょう。そのストーリーは、シュメールから来ています。シュメールの文献を読めば、はっきりと分かります。アヌンナキ論でもそう、ほぼ間違いないです。

だから、いろいろなバトル、ショック、絶滅の危機、危険な冒険を裏のほうでしながら、表ステージに立っている生命体が次にいくというプログラミングは、ずっと中心となって存続していると思えます。偶然のプロセスなどではありません。

でもそれは、皆さんにとって非常に喜ばしい話だと思いませんか？　長い長い時空を超えて、今、ここまで来たんだということ。こんなところまで来て、突然消えるわけがあるでしょうか？

１５０億年分の計画をどでかい会社がしていると思えば、かなりの長期計画ですよね。すごい額の資金調達をして、１５０億年ずっと投資をし続けて、それがここに来てなんらかのカタストロフィーによって、急になくなるものでしょうか？　とんでもない、今からなんです。

なぜ人間だけが壊れたDNAを持っているのか?

霊長類から人間に変わっていくというプロセスですが、皆さんはホモサピエンスになった時点だと思っているでしょう。実は、この正式な名称は、ホモサピエンス・サピエンスなんです。二つのサピエンスがついています。サピエンスの意味は、「知る」。すなわち人間は、自分が知っているということを知っているということ。意識を持つことを意識する、ということです。自覚することができる生命体。だから、ホモサピエンス・サピエンスというのです。猿に「おまえは自分の存在に気付いてるの?」と聞いても、「ウガガガ……」というだけでしょうからね。

以前、『プラネットアース』という、NHKの素晴らしいドキュメンタリーがありました。さすがはNHKです。緒方拳の解説がマッチしていて、とても見応えのあるシリーズでした。その中で、チンパンジーに関するものすごく強烈な場面が出てきました。競争相手のチンパンジー部族と戦って、相手の部族の子供を殺して食べてしまったんです。いわゆる、人が人を食うような行動をしだしているんですね。

チンパンジーの世界も今、かなり変わりつつあるんです。すごく暴力的になっている。人間もそうなんですが。私たちのDNAとチンパンジーのDNAはほぼ同じだということ、これは明らかで誰もが分かることです。しかし、大きな違いもあるんです。私が書きました、『太陽の暗号』（三五館）にも詳しい説明が載っておりますので、関心がある方は参考になさってください。

人間とチンパンジー、いわゆる人類と類人猿の違いについて書かれています。このへんに、大きなシフトがあるということですね。われわれの祖先から、突然ジャンプしたような感じで言葉を話すようになって、それから急に進歩しだした。その背後には、実は皆さんご存じの染色体があるわけです。われわれ全員が各自の体に、同じ数の染色体を持っています。その数は、２３対。お母さんからも、お父さんからもいただくわけだから対になっていますが、４６の染色体があります。

では、チンパンジーの染色体の数はいくつでしょうか。人より、多いのでしょうか、少ないのでしょうか？

人より、少ないと思われる方のほうが多いことでしょうね。普通に考えれば、染色体がたくさんあったら、もっとレベルが高いような気がしますよね。

でも、逆なんです。実は、４８。われわれは、どこかで二つの染色体をなくして、化けてきた。面白いでしょう？

では、二つなくしたことで、なんでチンパンジーから進化したのでしょう？　普通に考えたら、マイナスになっていたらレベルアップはできないでしょう。

それは、とても不思議なことなんです。その二つの染色体の違いは大きいのですね。1つの染色体の中には、プログラムに関わるような、もうウインドウズのごとくいろいろなソフトが入っているわけです。それを、どこか途中でなくしたのです。

「あれ？　二つはどこにいったの？」誰も説明してくれません。でも、ダーウィン論に基づいて、「私たちはチンパンジーやゴリラから直接的に進化しました」と言っているくせに、「証拠は？」と聞いたら何もないのです。

これまで何度もいってきましたが、ミッシング・リンク（Missing-link　失われた環／鎖）はありません。それだけではないんです。人間の骨と、チンパンジーの骨の重さはぜんぜん違います。チンパンジーの骨のほうが、重たくて、硬くて、強いのです。人間の骨は、非常に軽い。普通に考えれば、軽い骨を持つということは、非常に殺されやすいんです。パワーが足りないわけです。肉体的な力のレベルにおいても、チンパンジーは人間の5倍の力を持っています。だから、たいがいの人間はチンパンジーを相手にすると、絶対に負けてしまいます。チンパンジーの力は、めちゃくちゃ強い。われわれはめちゃくちゃ弱いんです。それなのに、生物のトップとして自然界を支配しているかのように振る舞っています。それは、脳が違うからですね。チンパンジーなどとは、脳のレベルがぜんぜん違うのです。そういうプログラミングをされていますからね。

さて現在、大きな謎となっているものの1つに、遺伝病がありますね。先天的になりやすいという病気です。だから、これからはもう、デザイナー・ベイビーの時代です。お金さえあれば、先端の研究所でＤＮＡを変えてもらえます。

例えば、自分の家系は代々ずっと肺が悪いと分かっていて、一方、配偶者は非常に白血病になりやすい家系だったとします。すると研究所では、２人の細胞から、その危険な部分を取り除くんです。問題があるＤＮＡを取ってしまう。すると、２人の子供はそういう病気になりにくくなる。ほぼ、ならないといえるそうです。

このように、遺伝病に対する治療方法は、非常に発達しています。

だから、少し先のフューチャー・ワールド（未来の世界）を想像すれば、それこそみんながデザイナー・ベイビーなんです。

すべての遺伝病をなくしてしまって、寿命を延ばして、目の色もＩＱも自分で決められる。何十億というお金が払えれば、できる話です。でも、そういうフューチャーは、たぶんこないと思います。

ここで、一番驚くべき事実は、チンパンジーやゴリラには、遺伝病がゼロだということです。遺伝病で死ぬゴリラはいません。先祖代々持っているリュウマチで……、肺の問題で……、なんていうゴリラはいません。みんな健康で、最後の日まで命をまっとうして死んでいく。

一方、ホモサピエンスが突然ステージに上がってきた時も、遺伝的な病気はなかったはずなのにも関わらず、欠点だらけだったんです。現代の私たちのＤＮＡは、欠点だらけです。遺伝病の問題は、ＤＮＡにあるということは事実であり、だから、遺伝子工学はそれを解決するために、一生懸命に研究しています。それは、とんでもないビッグビジネスだからですね。自分の子供が遺伝的な病気にならないと保証されるのならば、何十億かかっても喜んで払うでしょう。

それを今、世界各国の研究所で研究している最中です。すでに治療を受けている人もいる。これも事実です。

さて問題は、なぜ人間だけが壊れたＤＮＡを持っているかです。普通に考えれば、進化していくはずでしょう。生命体から生命体へと、同じＤＮＡが入っていきます。なのに、突然ステージに現れた私たちだけが、遺伝病だらけ。何か臭い、不穏な匂いがしませんか？

すなわち、遺伝子操作の話になってきます。どこかの、もっと進化した生命体がチンパンジーのＤＮＡをいじって、自分たちのＤＮＡとミックスさせた。それが実は、古代シュメールでいうと、ルルというわれわれのプロト・タイプの生命体なのです。古代シュメールにつきましてはここでは詳しい話は省きますが、でも、ほぼ間違いなく、われわれのDNAは特殊ブレンドされたものなのです。これも全部、デザイナー・インテリジェンスが考えたものではないかと、私は思います。

すなわち皆さんは、特殊ブレンドされた生命体です。非常にユニークです。でも、欠点だらけ。寿命は短い、病気になりやすい、鬱病になってしまう、などなどいろいろな問題を抱えて、変な人たちを政治家として選択して、世界全体の問題である戦争を許している現状もある。そのように欠点だらけでありながら、天才的な、見事な想像力の持ち主でもある、実は、パラドックスだらけの生命体です。

私が『マトリックス』という映画を、何度も何度も観る目的は、実はその内容に、われわれの今の世界に非常に近いメッセージがあるからです。

ケン・ウィルバーという、アメリカ一の哲学者がいます。ご存じの方もいらっしゃると思いますが、最近、彼があの映画の監督、ウォシャウスキー兄弟と対談をした内容は、めちゃくちゃレベルが高いんです。それぞれのキャラクターの意味、象徴しているものなど、とても深いものがありますね。

つまり、われわれの今の次元、今の世界が『マトリックス』である、一種の仮想次元であると思えば、欠点があるということも分かります。

なぜ、この次元でうまくいかないのか。お金があって、デモクラシーがあって、せっかくチャンスがあって、これから行こうと思ったときに、まったくアホなことをやってしまう。繰り返し、繰り返し、やってしまうんです。きっと、また戦争をやります。間違いない。

なぜでしょう？　だれがこんな、クレイジー・プランを考えたんでしょう？　なぜ誰も止められないんですか？

それは、基本的なプログラミングに、ウイルスによってできた欠点があるからです。これは、新しい発想ではありません。２０００年前、パレスチナ地方にいたグノーシス主義の天才的な人たちは、みんな分かっていたんです。この次元は、欠点の次元なのです。この次元は、ずっとは残らない。

すなわち、目で見ている世界、この世界は、うまくいくはずのない世界であるという、ちょっと悲観的なとらえ方もあるんです。ユートピアは、どう頑張ってもここには絶対に実現しない。

だって、これまでも世界一の哲学者が、計画を立ててくれているんです。そういう理想の社会をこの世に誕生させるプランが、ちゃんとあったんです。アリストテレス、プラトンの時代から、プランニングはありました。理想主義の人たちが、完璧な絵を描いてくれていた、でも、うまくいかないんです。

なぜなんでしょう？　それには、誰も答えてくれないのです。なぜ、人類が連綿と同じ問題を引き起こし続けるのか？　それは、この世がうまくいくはずのない次元だからです。それは、プランには入っていないからなのです。

だから、もし私がビジネスマンで、この次元のフューチャーに投資しますかと言われたら、絶対にしません。この次元のこの世界に投資する意味は、ほぼないと私は思います。でもありがたいことに、この次元でしか存在しない世界ですからね、ちっぽけな世界です。

そのプログラムは、3次元のためにあるのではない

さて、私の著書「太陽の暗号」ですが、これにはいろんなことが書いてあります。火星のこと、シュメールのこと、二つの太陽のこと、などなどですね。宇宙の星は単独じゃない、ほとんどペアです、という連星の話があります。太陽にも、ツインが存在するということです。疑いの気持ちをもたれる方もたくさんいらしたようですね。

しかし、少し前になりますが、ＢＢＣホームページのサイエンス・レポートを開いたら、メインニュースに、連星はたくさん存在するとありました。連星といえば、二つの星が、あ

る軸を中心に回っているという話です。そういう環境は、一番生命に等しい環境だと、BBCのサイエンス・レポートは言ってくれました。つまり、星々は1個だけで存在するのではないのです。陰・陽のごとく、ペアになっています。だから、自分の勉強していることはそんなにばかげたことじゃなかったなと、たいへん喜びました。サポートしてもらっているような感じです。

DNAの話も、私の作り話じゃないんです。DNAが、どれだけすごいものであるのか、たくさん情報を集めてきました。

まず、DNAが発見された話です。ダブル・ヘリックスという二重螺旋の形を発見した人は、実は3人でした。二人の男性と女性が一人。女性の名前は、誰も知りません。彼女は、本当は一番中心的な人物でした。でも、消されました。そして、クリックとワトソンがステージに出てきたのです。

でも、あの女性がいなかったら、彼らのリサーチは成功しませんでした。それなのに、名前は誰にも知られていません。

まず、ゲノム・プロジェクトがありました。その、ゲノム・プロジェクトの目的は、人間のDNAプログラムを、全部解明することだったんですね。

世界各国の科学者が、長い間、一生懸命研究していたのですが、結局、人間の遺伝子の数は10万ぐらいだろうと、それぐらいはないとこんな複雑な生命体は絶対ありえないと思い込んでいました。

しかし、実際の数は、約3万だったのです。めちゃくちゃ少なかった。3万の遺伝子だけで、人間のような複雑なものを作れるものかと、誰もが驚いたのです。遺伝子はオールマイティ・マスターだから、10万ぐらいあれば、すなわち、数さえ増やせば、いい生命体ができるという思い込みは、ぶっ壊れたのです。実際は、3万しかなかった。

これはなんでだろうと、みんな首をかしげたんです。人には約3万の遺伝子がある。では、ミミズの遺伝子はどれぐらいあるのでしょう？　ミミズですから、することは単純、食べて出す。生命体としては、あまりえらくないですね。パク、プ、で終わり。

それがなんと、1万998個も遺伝子を持ってるそうです。ミバエの遺伝子は、1万362個ということです。

だから、やはりこれはどう考えても、数学的な単純計算ではないのです。

遺伝子の研究においてさまざまなアプローチがあった中で、ほぼみんなが思い込んでいることを英語で書きます。「EPIGENETICS」。今回のテーマです。

先ほどの遺伝病の話にも関係しますが、やはり、遺伝子は親分なのです。「primacy of DNA」といいます。プライマシーといいますと、首位、第一位という意味です。一番大切なのはD

ＮＡだと、今はみんなが思っているわけです。

すべてをコントロールしているのが、ＤＮＡです。人間、生物のすべて。だから、人間の運命はＤＮＡに委ねられているということなのです。生まれながらのＤＮＡでもって、いつ病気になるのか、いつぶっ倒れて死ぬのか、だいたいのことがプログラミングされているといわれています。それは、どうにもならないことです。多額のお金がなければ、ＤＮＡを先端技術でいじってもらえなければ、しょうがないということなのです。

さて、「primacy of DNA」です。ＤＮＡは、ＲＮＡにメッセージを送り、そのＲＮＡは、今度はプロテイン（protein）、つまりタンパク質にメッセージを送って、体を作ってくれます。すなわち、そのタンパク質に命令を下しているＤＮＡに先天的な欠点があれば、その結果となるプロテインにもそれなりの影響を及ぼし、短命になったりするということです。これが今、みんなが信じ込んでいる定説です。

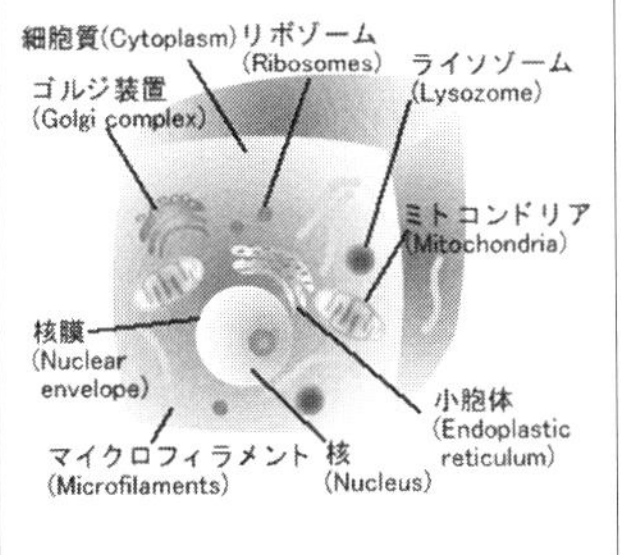

細胞の構造

でも、先ほどもいいましたように、定説と呼ばれるものは今、ヤバイ状況です。昨日の定説は、今日のナンセンスになってしまう。

私の話が本当だとすれば、われわれにはもう、することがありません。「おお、化ける日を待っていればいいんだ」ということです。「DNAが、全部やってくれますね」ということ。

でも、そうじゃないんです。実は、もっと面白いプログラムになっているのです。それが、「EPIGENETICS」。GENETICSは、遺伝子のこと、EPIは、beyond、aboveという意味です。DNAを超えた、DNAのレベル以上のレベルにおける、コントロールがきく世界があるということです。EPIGENETICS、これがポイントだと、私は思いました。

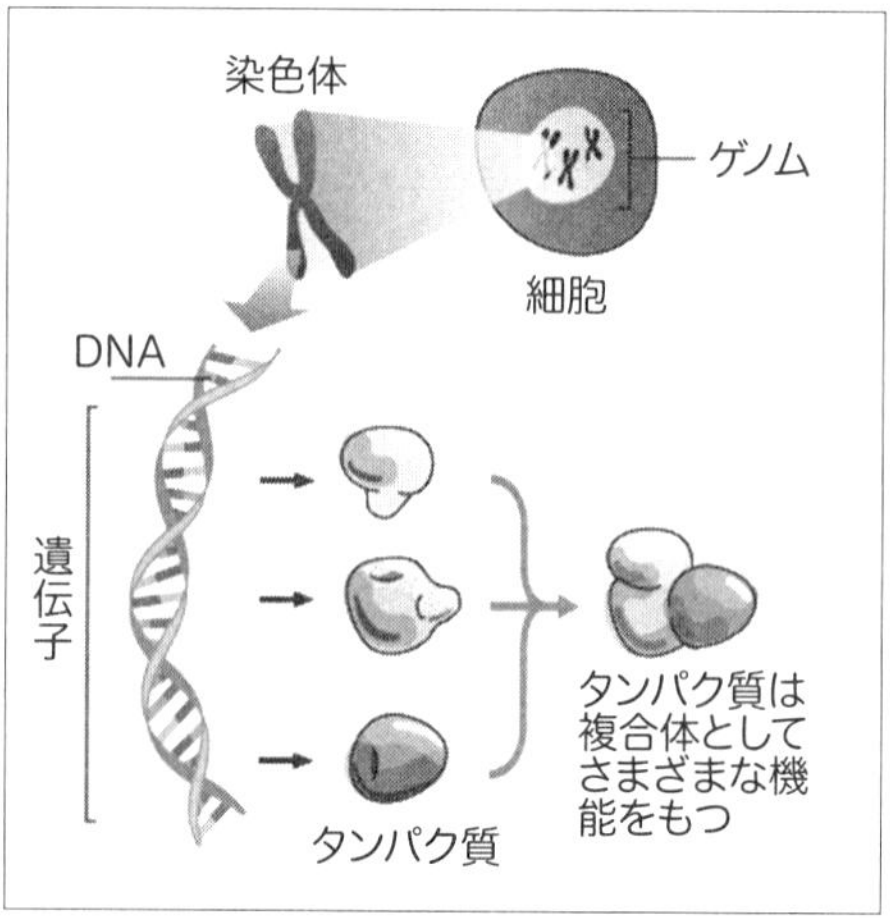

DNAは、素晴らしい役割を果たしている。しかし、DNAの内、プロテイン・ボディ（肉体）を作っているのはたったの3％です。後の97％はがらくたで、ジャンクDNAと呼ばれていることは、みなさんご存じですね。

しかし、デザイナー・インテリジェンスのことを考えれば、97％のゴミを最初から作るでしょうか？　想像してみましょう。

「3％だけは使えるものにして、あとは全部アホみたいながらくたにしようか」

「おお、いいな……。でも、なんでジャンクを作るの？」

「うん、まあいいじゃないか」という感じ。そんなアホな話はないでしょう。97％はジャンクだなんて、もう笑っちゃいます。でも事実、たった3％のDNAで皆さんは作られているんです。あとの97％が使えるようになったら、単純計算で考えれば、今の30倍の人間になるかもしれない。背の高さは60メートル、視力は15キロ先まで見えるとか。そんな97％が、DNAの中で眠り続けているとは、どういうことなのでしょう。

今回はシャーマニズムの話ではないんですが、97％のDNAの役割は、物質世界のためにあるのではないんです。プロテインの世界のためではありません。

すなわち、DNAの97％は、これから先の、次なる進化のステージのためにインプットされたプログラムですよ、ということなのです。

そのプログラムは、3次元のためにあるのではないのです。この3という数字は面白くて、3％が3次元のためにあるのですね。そして、他の97％は、異次元のためにあるのだと私は思っています。

では、その異次元はどこにあるのでしょうか？　それは、皆さん次第です。それを発見するのか、また、発見しようとするのかということ。

太古の昔から、その次元について語り続けた伝説、神話、宗教、哲学などがあります。目に見えない世界の話です。それは、DNAの隠されている本当の役割ではないでしょうか。

『P Sience』、という本があります。先端科学、量子力学も含めて、ストリング・セオリー、Mセオリー、multiple univers（複数宇宙論）などなど、いろんな学説が網羅されています。ゴーストとはなんですか、ワームホールとはなんですか、タイムトラベルとはなんですか、どのようにしてテレポーテーションができますか、などなど、最先端のリサーチを、ある女性がまとめてくれました。とても読みやすい本です。日本語版はまだまだ出ないと思いますが、ここまで来ているのです。科学者でもない一般の女性が、科学の世界を一生懸命に、広範囲に勉強するわけです。

そうすると、なるほど、人間の可能性はこの3％に制限されていません。だから、言い換えれば皆さんのエンジンには、昔からシフトがあったんです、1、2、3、4と、シフトチェンジしていく。でもまだ、ニュートラルにしか入っていないわけです。これから1、2、3、4と上げていきます。そして、オーバードライブは5。これがつまりは、100％です。

しかし、今はギアがどこにあるか、さっぱり分からないでしょう。ギアがあるの？　どこに？　今はただ、車に座り込んで待っているだけです。でも、ある日動き出します。

primacy of DNAについては、100％が間違っているとはいいません。DNAは、大きな役割を果たしています。

しかし、ラマルク曰く、「環境はとても大事な役割を果たしているから、最後には、細胞の話をしなければなりません」。CELL、細胞って何でしょう？　肝臓の細胞にしても、ひざの細胞にしても、皮膚の細胞にしても、ほとんど理解されてはいないのですね。

皆さん、学校で細胞の勉強をされたかと思います。たいへん複雑な話ですが、単純に、分かりやすいように説明します。

一般の細胞は何をするかというと、これは、プロテインのマシンのような役目もあるのです。小さな、常に動き続けるバイオマシンです。今、私たちが存在している状態は、全部細胞が動かしてくれているわけです。私が研究した本によると、１００兆もあるといわれる細胞が１個１個、みんなそれぞれの仕事をしています。

腕を一本上げるのにも筋肉の細胞が働いているわけですが、はっきり申し上げます。どうやってこれができるのか、誰も説明できないのです。もちろん、筋肉と神経のレベルの説明は、少し勉強すれば誰にでもできます。「神経がビリビリして……ああでこうで」と。でも、その源の信号はどこから来ているかということが分からないのです。誰も、「おい、腕を上げろ」とは言わないでしょう。このスピード、このメカニズム、どうやってこれができるのか、本当に不思議です。

誰も一回一回、考えた上で「やれ」と指令を出しているわけではないでしょう。全部、潜在意識のレベルでやっているわけですね。

でも、実際にどこかのレベルで考えているわけですね。頭がかゆいから、かかなければかゆみが治まらない……と。もちろん、その発想がどこかにあるんです。しかし、その発想はつかみどころがないでしょう。どういう存在か、解明できないのです。発想という目に見えない次元と、この3次元のつながりについて、説明できる科学はありません。解剖学レベル、生理学レベルでは説明できます。でも、人間の心が、どうやってこのマシンを動かしているか、まったくのミステリーなんです。そのメカニズムは、謎のままです。それを、覚えておいていただきたいと思います。

しかし、この素晴らしいタンパク質の複合体、つまり、プロテイン・マシンは、今一生懸命に動いてくれています。そして、その中枢には何があるかといいますと、ものすごいDNAが含まれているんです。DNAが、細胞の中心にあるのです。

でも、不思議なことがあります。中枢なのですから、身体でいえばブレイン（脳）だと思うでしょう。細胞の脳にあたるものだと思いますよね。では、この脳を取ってしまうと、細胞はどうなるでしょう？　もし、あなたのブレインを取ってしまったら、あなたはどうなりますか？　しゃべり続けられますか？　動き続けられますか？

いいえ、もしブレインを取ったなら、普通は死んでしまうでしょう。脳を取ってしまう、その情報センターを取り除いてしまえば、普通だったら死ぬか、活動停止となるでしょう。

でも、細胞はなりません。中心核を取り除いても、平気なのです。知っていましたか？　私は最近まで知りませんでした。中心核を取っても生き続けられること、これを、エミュ・クリエイションといいます。中心核を取ってしまう実験が、実際に行われたのですね。それでも、人間に例えれば普通に食べ続けるし、排泄もし続ける、動き続ける、と、毎日の活動をやり続けるんです、脳なしなのに。

しかし、できないことが二つあります。まずは、ダメージ・リペアです。どこかに傷ができても、これは治せません。やはりブレインが必要です。そして、レプリケーション（自己複製）はできません。ＤＮＡはレプリカを作るわけだから、それを取ってしまうとレプリカができないのです。

大事な話ですが、人間だけがＤＮＡを2本持っているのです。なぜ1本ではないんでしょう？　私が知っている限り、人間だけです。どれだけ皆さんが、貴重な存在であるかを強調したいと思います。コンピューターの世界に例えれば、完全なるコピーが備わっているということです。バックアップコピーが、すべての細胞にあるんですよ。こんな豊かな生命体が、他にいるでしょうか。

人間という貴重な生命体がなくならないように、「この生命体の細胞には、2本ずつ入れておこう。こいつらは進化の先端のやつらだから、絶対に残るように2本ずつだ。例えば1本が壊れても、完全なバックアップコピーが残るから大丈夫」というプログラミングがすでにあるんですよ。それだけ、皆さんはすごいものなのです。

それをきいたときに私は、安心しました。バックアップコピーを作ってくれるなんて、よくやってくれたねと。

だから、細胞の中心核は、コンピューターのハードドライブみたいなものなんです。そして、ハードドライブを抜いても、まだコピーのコンピューターの本体に残っているということ。だから、DNAを取ってしまっても、基本的にはデータが残る。ただレプリケーションと修復ができないだけで、それでも生き続けるんです。細胞君は、交通事故にさえ遭わなければ大丈夫です。つまり、問題はDNAじゃないということなのです。

自分の細胞をプログラミングするとは?

さて、これからブルース・リプトン博士という生物学者の話をします。

彼が出版した本は、『The Biology of Belief』(Mountain of Love PRODUCTIONS)。biologyは生物学、beliefは信念です。信念と生物学とはすなわち、われわれの思うこと、信ずることと、われわれの生物学的な事実についてということです。これは、たいへんに複雑な内容です。私はお遍路をしながら、この人が言いたいことがやっと分かったのです。まとめて、ああ、こんなことを言ってるんだと理解でき、ほっとしました。

まず、われわれの細胞はデジタルチップに近いものです。日本語では、ICチップといいます。「I」は integrated の略ですね。intergrated circuit chip、ICチップです。intergrated というのは、「統合された」という意味だそうです。

実際にこの細胞は、ICチップにものすごく近い働きをするということが分かりました。例えば、プログラマーは、ICチップにプログラムを入れることができますね。こういうプログラムが必要だ、という要請があれば、それを作成してICチップに入れられるでしょう。ということは、われわれも自分の細胞に、プログラムを入れることができるということなのです。

ブルース・リプトン（1944～）

アメリカの細胞生物学者であり、心が体の生体機能を制御すると主張している。細胞膜が、脳やコンピューターチップと同等の情報処理能力をもつことを実験により証明した。細胞膜の外側の環境を変えることにより、細胞の振る舞いや生理学を制御するという発見が、既存の確立された遺伝子と細胞生産のメカニズムの意見に反したことによって、今日に至るまでに他の科学者によって研究され、生物学的に最も重要な分野の発見となっている。

ICとは何か?

ICとはIntegrated Circuitの略で、集積回路を指す。特定の複雑な機能を果たすために、コンデンサなど半導体で構成された電子回路が複数の端子を持つ小型パッケージに封入され、一枚の板状になっている。現在のコンピュータやデジタル機器を支える主要な科学技術のひとつである。

これは、すごい話なのではないでしょうか。自らの力と想像力で、自分の細胞をプログラミングすることができるという事実が、この本に書いてあります。

そのチップに関しての実験で、ある科学者がすごいことをやりました。ものすごく薄いゴールド、金に、やはり薄い細胞膜を1枚くっ付けます。次に、電解液を入れます。それにより、ゴールドは、1つのコンピューターのようになります。

実験の結果として分かったことは、この液体がオープンになった細胞壁のゲートに流れることで、人間の細胞膜が何かすごく、不思議な働きをするということです。

すなわち、細胞核がブレインだと思い込んでいたのは、間違いだったということ。本当の細胞のブレインはここ、CELLの表面だったのです。

実は、これは言霊でもあるのです。英語で「膜」を何というでしょうか？　それは、membrane というのです。この単語に含まれているbrane と、脳という単語のbrain は、まったく同じ発音です。英語にも言霊があったのです。membrane、すなわち、細胞膜という細胞の表面は、まさしくブレインだという話です。

細胞核も大事ですが、なくてもすむものですから、一番大事な部分はここです。その表面に何があるかというとちょっと難しいですが、integral（統合された）membrane（細胞膜）proteins（プロテイン）ですね。略してＩＭＰ。

つまり、非常に特殊なプロテインが、アンテナのように身体中すべての細胞の細胞膜から出ているわけです。神経のようなものともいえます。人間の神経の種類には、二つがあります。感じるための神経は知覚神経、動くための神経は運動神経、この2種類ですね。

細胞という独立個人の究極の世界にも、同じ働きがあるんです。やはり、2種類がありますす。外の情報をキャッチする働きを担うＩＭＰは、receptor ＩＭＰです。そして、行動を引き起こすのは、effector ＩＭＰ。運動神経と知覚神経のような働きですね。あの小さな細胞の世界で、全部をそなえているような感じですね。

その働きのすごさ。このＩＭＰたちの仕事は、環境を常に察知することですね。

「あれ？　電磁波」「あれ？　太陽風が強くなった」「あれ？……」と、そうした環境の変化に敏感にリアクションを引き起こすメッセージを、細胞の中に送り込むのです。そのメッセージを、最終的にＤＮＡに送ります。

これは、最近になって初めて科学的にメカニズムとして理解されつつあります。ラマルクが言わんとするのは、環境の変化によって、生命体が化けていくメカニズムがどこかにあるということなんです。皆さんは、環境の変化にちゃんと対応するようにできているんです。だから、皆さんの現代の体と、例えば3万年、4万年前の体は、ぜんぜん違うはずです。環境に対応してきているわけですからね。太陽の変化も、地球の変化もありましたから、ずいぶんと変わってきたはずです。

ちょっと話が変わりますが、『2012年アポカリプス（apocalypse）』（Lawrence E. Joseph著　NHK出版）という本があります。アポカリプスという意味は分かりますね。黙示録です。普通、こういうたぐいの本を見たら、うさんくさいな、どっかの精神世界系のやつだろうと思うでしょう。でも、この本の著者は、NASAのレベルのaerospace consultant（航空宇宙のコンサルタント）という仕事をしている、プロのライターでありジャーナリストです。

彼は「2012年の話は、空騒ぎでも儲かるかもしれないから、ちょっと研究してみようか」と始めたのですが、驚愕であごが外れてしまったのです。

南米でシャーマンに会いますが、まだまだ公開されていないマヤ暦、2012年に関する予言を知ります。それが全部シェアされているのですが、「うーん、どうかな。もっと確認しないといけないいな」と、まだ半信半疑なのですね。

地球の磁場が今、非常に弱くなりつつあるという話をよく聞くでしょう。でも、データはどこにあるのでしょう？　誰がデータを持っているのでしょうか？　本当に、地球の磁場は弱くなっているのでしょうか？

これは、オゾン層の話ではありませんよ。地球の磁場、磁気体の話です。地球を包む、コンドームみたいなものです。そのコンドームの役割は、太陽風、宇宙線から地球を守るようにできているんです。それがなければ、ジュワーッ、もう、ケンタッキー・フライド・人間です。ありがとう、コンドーム、ありがとう、磁気体。

では、現在の磁気体はどうなっているのでしょうか？　世界一の磁気体を研究する場所は、どこにあるか知っていますか？　それは、南アフリカです。

彼は、南アフリカの研究所まで足を運び、その科学者にインタビューをしました。

「先生方、地球の磁場はどうなっていますか。今、変化していますか」

彼らは、世界各国にプローブのような装置を置いて測定をしています。答えから分かったのは、地球を覆っていた磁気体コンドームにカリフォルニア州と同じくらいのサイズの大きな穴が空いているということ。これでは、コンドームの役目は果たせませんね。

つまり、プロテクションがなくなりつつあるんです。磁気体はどんどんなくなっているんです。コンドームは、もうボロボロになっています。

そうすると、宇宙線（Cosmic rays）、太陽風も、全部大歓迎、どんどん入ってくるようになるんです。これはもう、えらいことです。でも、この事実は新聞などには出ないのです。

次に、彼はシベリアまで行きます。そして、ロシア・アカデミー・オブ・サイエンスのデミトリアフスキー（Dmitrievskii Anatolii Nikolaevich）博士に会い、いろいろな宇宙の変化について聞きます。博士は話してくれました。

「宇宙は広大です。宇宙の中にも、いろいろあるんです。ヤバイ場所もあれば、安全な場所もあります。海のようだと仮定すれば、ちょっと荒い所もある、という簡単な話なんです。これから、ちょっと荒い海に入るということですね」

すなわち、環境の変化は、ＣＯ２の増加といった程度のレベルとは違うのです。だから私は、アルちゃんに言いたかったんです。でも、聞く耳がない。もう、すごい頑張っていらっしゃるわけですが、いわゆるアメリカ人的に太ってきていました。

私は、彼に一本のＤＶＤを渡しました。

「テレビ番組で、あなたの宣伝をしているよ。見てみてね」と。

彼は、「ああ、ああ……」と受け取りましたが、おそらく見てないでしょうね。

そのテレビ番組というのは、スカパーで放映された「地球激変のシナリオ２０１２年」というタイトルのものでしたが、その内容は、このわれわれの太陽系において、とてつもない変化が起こりつつある、その背後である連星が太陽に近づいているから、簡単な話、ものすごくどでかい電気の、爆発的なエネルギーが発せられるだろう、というものでした。これは、太陽系中、すべてが温暖化するということなのです。

だから、CO2が温暖化の一番の原因であるという説に反論するのに、一番便利な話は、ではなぜ冥王星も温暖化しているのでしょうか、ということですね。冥王星でも、工場、車がありますか？　電気を使用していますか？　では火星では？　誰かが車に乗っているのでしょうか？　乗っていないでしょう？

では、なぜ温暖化しているのでしょうか？

「うん。まあ、それはたまたま」

ああそう、たまたまなんですね。全太陽系が温暖化しているということが、たまたまだなんて……？　もしこれがうそだと思う方は、シベリアまで足を運んで、科学者に聞いてみてください。

やはり、ロシアの科学者はものすごく研究をしています。アメリカの学者よりもずっと、ずっとです。アメリカでは、あまり研究をしていない理由があります。すなわち、仕事にならない。CO2ベースの仮説をサポートしなければ、資金がもらえないのです。

「Cut（カット）!!」「Cut!!」「Cut!!」「Cut!!」。削減、削減、削減！　つまり、「人間よ、小さく

なれ」という話です。それを、中国の皆さんに向かって言えるのでしょうか。せっかく自転車からベンツに進化したところで、「君たち、また自転車に戻りなさい」と。せっかくみんなが頑張って上海も大きくして、ベンツに乗れるようになっている最中なのに、また自転車に戻りなさいって言えるものですか。無理。100年あっても無理。絶対に戻らない。だから、環境問題は絶対に解消しません。はっきり言っておきます。無理！

「give up」「stop」「finish」「Waste of time（時間の無駄）」

時間がない。そんなことやってたってしょうがないのです。今は、もっと大事なことをやらなければいけないんです。

それは、意識的進化プログラムに切り替えていくことです。だから、本当はアルちゃんはすごいお邪魔虫なんですよ。僕は大好きなんですが、お邪魔虫。「それは政治の問題ではない、モラルの問題だ」とか、いったい何を言っているのでしょう。あれだけの影響力があるのだから、もっと有効に使えよと言いたい、本当に。でも、使えないでしょう。やはり、今の科学者のサポートがないと、言いたいことも言えない。今の科学者は、システムに雇われているのです。だから、イエスマンばかりなんです。

しかしヨーロッパでは、例えば、マックス・プランク・インスティチュートという先端の物理学研究所で、もうとっくに分かっていることがあるんです。つまり、太陽だということです。太陽が、問題の中心です。太陽の変化、太陽の長いサイクルなのです。

実は、宇宙のすべては、それぞれが密接に関わっているプログラムなのです。古代人はこのプログラムに気付かされたから、予言ができるんです。昔の人間は科学者です。たまたま、へえーそうなの、ではないんです。研究していたんですよ。

例えば、マヤ文明の遺跡が多いユカタン半島に行けば、天文台があります。つくられたのは1000年も前です。今の天文台といっしょで、丸い形をしています。何が違うかといえば、鉄筋作りではなく、石でできています。それ以外は、まったく同じ。

だから、昔の人間は天文学者だらけだった。こうしたことが、全部分かっていたのです。

コスミック・サイクルの話です。

アースチェンジスTV（EarthchangesTV）を主宰するミッチ・バトロス氏も、マヤ族やホピ族の間で伝承されている、地球の大異変を裏づける証拠がすでに見つかっていると言っています。

環境問題は、確かにあります。異常気象、ますます多くなってきています。ちっともよくなりません。どう頑張っても無理なのです。はっきりと誰かが言っておかなければならないこと。それは、

「もう、やめよう。Waste of time だよ。Give up しようじゃない。そんな形だけのエコロジ

ー活動はね」

でも、アルちゃんのファンの人たちは、

「よし。もっと頑張ろうぜ。削減、はい、削減。カット。自動車はやめて自転車しか乗らないよ」って。

でも、太陽は見てるのです（笑）。

「あんたたちは面白いね〜。なにやってるの？……」

太陽の大きさは地球の100万倍。太陽がちょっとゲップしたら……。自転車に乗るような存在が残るでしょうか？

だから、気付きましょうということ。ほっとするでしょう？　そんなこと、やらなくてもいいと思うと、リラックスできませんか？　やってもいいんですが、24時間ある中で3％程度でいいです。先ほどの話の3％、97％の比率です。

少し前、自分の子供に説明しました。25歳ですが、けっこう直感力があって、定職はなくて（笑）、たくさん旅をしながら、けっこうlazy（怠け者）な部分もあって……。

でも、考えてる。感じてる。夢のメッセージも来てる。僕の言っていることを一応聞いてくれるのです。これは、まずうれしいですね。聞いてくれるということ。

それで、DNAの話と、この温暖化の話などをしたわけです。彼に、こう言いました。

「3％の宇宙は、物質宇宙だとしましょう。97％はダークマターとかなんとかかんとか、いろいろ言ってるけど訳が分からない。俺たちの97％も、訳が分からないジャンクでしょう。3％に対して97％。97％は、この次元のためではないんだね」

この、物質次元のためではありません。別の次元のためです。これからの進化の次元のためだとしましょう。まだわれわれは、貴重な肉体をこの次元で持っているわけです。そして、その細胞壁に、すごい働きがあるということが分かりました。その機能が、環境の変化を常に敏感に察知してくれているんです。

そして、DNAにメッセージを送ります。

「えらいこっちゃ、えらいこっちゃ。宇宙線来てます！　プログラムシフト、プログラムシフト」

でも、それだけでは十分ではないんです。それは、もう1つの環境があるからです。人間の感情という環境、feelingです。思考じゃない、feelingです。人間の感情も一種の環境、人間の食べ物も一種の環境です。

だから、この子はお母さんと同じ病気にかかっていて、その子の子供も同じ病気を持っていれば、いくら玄米を食べてもしょうがないよという話です。いくらフィットネスに行ったって、サプリメントをとったって、これが欠点ですともう決まっているということ。でも、

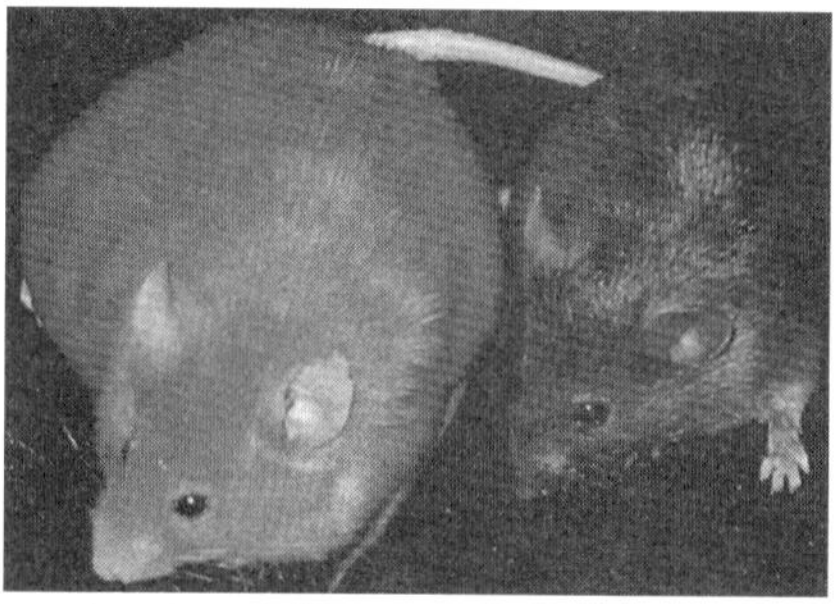

たった一世代で変容した親子ねずみ

糖尿病になるまで太らせたグレーのねずみに健康食を与えたところ、産まれた子ネズミは正常な体格で糖尿病でないばかりか、体毛の色も変わり、とても親子のねずみとは思えない。

ラマルクが言ったprimacy of DNA論では違います。

「いやいや、環境に対しては常にこのintegral、membrane、proteinsのreceptor ＩＭＰとeffector ＩＭＰが働いていますが、潜在意識的な働きもあれば、意識に関係する部分もあるのです」

ある実験で、太りに太らせた茶色いネズミがいて、そのネズミは糖尿病も持っています。太った茶色いネズミが糖尿病にかかっているなんて、想像したくないほどかわいそうですね。それが糖尿病で死んでしまい、次の世代も太っていて同じ色で、そして同じく糖尿病で……。もう、決定論です。因果関係があるので、しようがないですね。これは、ＤＮＡです。

しかし、実験で、健康食をお母さんネズミに食べさせました。そうしたら、違う色の赤ちゃんが生まれてきたのです。そして、太っていない。糖尿病もない。奇跡？　ラマルクが言ったことが、現実の世界のラボで証明されたんですよ。一世代で変化しました。そのネズミ

細胞の変容過程のイメージ

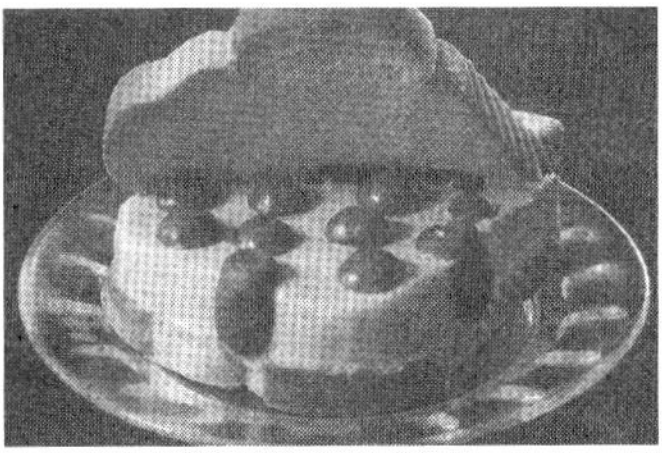

パンに挟まれたバターによって、ソース（情報）は染み込まないが、要因であるオリーブ（プロテイン＝レセプター＆エフェクターIMP）の存在によってソースは反対側（DNA側）に移る。

の写真もありますから、本当のことです。上の写真は、先述のブルース・リプトンが書いた「the BIOLOGY of BELIEF」にあります。

　ネズミでそんなことが起きるのですから、われわれに起こらないはずがないでしょう？　だから、健康食もバカにするわけにはいかなくなってきたんです（笑）。太った茶色いお母さんから生まれた娘さんはスマートで糖尿病はなかった……、たった一世代ですよ。

「Agouti sisters One year old female genetically identical agouti mice. Maternal methyl donor supplementation shifts coat color of the offspring from yellow to brown, and reduces the incidence of obesity, diabetes and cancer.」と書いてあります。これは、すごい情報だなと思いました。すなわち、環境を意

識的に変えたことによって、一世代でバカーッと変わったんですね。遺伝子が変わったという話なんです。細胞膜のアンテナからの信号は、細胞核を変えるようにできているということです。

しかし、われわれ人間を変えるのは、健康食だけでは十分ではないということも、ご理解いただけると思います。

そして、現代の医学については、きっちりと注意を払わないといけません。影響力はすごく大きいですよね。私が日本の医師について素晴らしいと思ったのは、最近のことです。昔は、日本のお医者さんは「あなたはガンですよ」と、はっきりとは言わないという話を聞いたときに、ずいぶん無責任だなと思いました。西洋人は「はっきり言え。すぐに死ぬんだったら、今知りたいんだ」と。「あと何日もつか教えてくれ」と。でも、日本の医師は言わない。なぜ言わないのか、無責任だねと思っていました。

しかし、今となっては、いやあ、頭がいいねと思っています。

皆さん、プラシーボ効果を知ってるでしょう。逆は、ノーシーボ効果なんです。ノーシーボ、ノーのパワーはすごいんです。

臨床例があります。1974年に、食道ガンだと言われた男性がいました。どの検査をしても、食道ガンですと言われて、当時では100％死ぬと聞かされました。もう、no hope です。食道ガンはガンの中でも特に難しいそうです。

そうしたら、やはり亡くなったんですね。だって、100%でしたからね、no hopeでした。そして死後に解剖されましたが、実は、食道ガンはなかったのです。検査がミステイク（間違い）だったのです。食道ガンはまったくなかったのにも関わらず、100%死ぬと言われ、その情報はどこに行ったのでしょうか？　先ほどの、receptor ＩＭＰです。

そしてeffector ＩＭＰから信号が発信されました。

「100%死ぬんだぜ。100%死ぬんだぜ。おまえ、ガンだから」

「了解、分かりました」

もう、自動コンピュータープログラムみたいなものです。身体はすごく素直なんです。そんなことはありえないと思うでしょう。本当は病気じゃないのにも関わらず、そんな影響があるものですかと。

では、実験してみましょう。ないものでも、影響するという実験です。まず、みなさんの目の前に、みずみずしい、新鮮なレモンがあります。キレイな黄色いレモンです。それを、ナイフでザクッと半分に切る。ああ、レモンの爽やかな香りがしてきました。それをチューッと絞って……。皆さんの口の中、今どうなっていますか？　唾液が分泌されてるでしょう。でも、レモンはどこにもないわけです。

すなわち、人間の意識においては、実際にあってもなくても関係ないということ。これはすごいことですよ。レモンについて、皆さん、共に想像してくれたでしょう。ああ、ここにレモンがあるんだ、と。でも、実際はない。にも関わらず、唾液は出てくる。これがポイントですね。なくても影響する。

本当はガンがなくても、あると思えば同じ働きをするということです。それは、人間という生命体の素晴らしい働きでありながら、他方で非常に恐ろしい働きです。

だから、これから聞く話、読む話には要注意です。私が『パワーか、フォースか』（デヴィッド・R・ホーキンズ著　三五館）という本を翻訳した目的は、これからの意識的進化のステージにおいて、うまくいくか行かないかは皆さん次第ですということを伝えたかったのです。どの情報にフォーカスするかによって、まったく違う結果が出てきます。何にフォーカスするんですか。プラシーボにフォーカスするんですか、ノーシーボにフォーカスするんですか。

もちろん、プラシーボ効果についてもいろいろと書かれていますが、今となってはバカ扱いされています。でも、臨床学的にいいますと、ものすごく素晴らしい例がいっぱいあります。まったく、シュガー・ピル（無効の薬）の世界です。

シュガー・ピル。例えば、医師が「これについては、20年研究しました。ものすごい薬です。特効薬です」と言います。でも、非常に高い。それでも患者は、「買います」「買います」といってそのピルを飲みますね。「これは、98%治ります。完治した臨床データが山ほどあります」「飲みます」「飲みます」

すると、ただの砂糖の固まりでしかないシュガー・ピルで、よくなるんです。

現在は、薬のメーカーはそれに気付いて、何をしてると思いますか？　シュガー・ピルの販売、処方を禁ずるようにしてるんです。いわゆるプラシーボ効果の錠剤を、違法にしようとしています。臨床的に使ってはいけないという法律を、薬のメーカーは作ろうとしているのです。それだけ、恐れているわけですね。ノーシーボ効果とプラシーボ効果について、よく分かりますよね。

だから、これは絶対に効くんだと思って飲めば、効く可能性が高いですね。100%ではないかもしれません。時々間違った薬を飲んでいても、よくなったという話があるでしょう。それが、環境ということなんです。身近な環境です。口に入れるものについては、特に顕著です。だから、水にしても何にしても、口にするときに、「これはものすごく素晴らしい体を作ってくれるものだ」と思っていれば、効果はまったく違うはずです。どう違うか、ぜひ実験してみてください。

細胞は、皆さんの身体を象徴するミクロ・コスモスです。皆さんは全員、細胞の固まり、細胞のコミュニティーです。だから、細胞に話をするのです。細胞に、直接的に情報を入れてください。

すると、皆さんの細胞壁はその情報を聞いて、今度はその情報がＤＮＡに行きます。でも、それだけでは変態しません。そんなに簡単なものではありません。外の変化も必要で、内の変化も絶対に必要なのです。外の変化については、手を挙げて、こう言ってみましょう。

「I give up!!」

いいですね。もう、これで肩凝りがなくなります（笑）。

これを最初、自分で言った時は、自分に驚きました。それまでは、ここまで言ったことはなかったからですね。「I give up!!」とは。

宇宙の変化は、コントロールできません。しようとしている連中はいます。はっきりいって、今、太陽にミサイルを撃ち込むプロジェクトもあるのです。太陽フレアを減らそうとしているんですね。小さな地震を頻繁に引き起こして、大きな地震が来ないようにするように、太陽をバカーンと小さく何回も爆発させれば、その日は来ないという考え方です。

でも、その日は来るだろうと思われます。最初から、プログラミングとして、設定されている日ですから。

人が地上に誕生してから、ハンターの時代があったり、農業の時代があったりしましたが、その裏でものすごく大きな変化がありました。

例えば、みんなで農家をしていた時代の人々の立場になってみれば、突然工場だらけになって、大家族だったのがバラバラになって、食べ物もすごく変わって……と、ものすごく急速に変わったでしょう。辛いことも多かったと思います。

でも、そのおかげで今の時代となっているのです。今度は、コンピューターがすごく進化して、世界中がつながるようになったり、インターネットの世界です。どんな情報でも得られるんです。別に科学者じゃなくても、医者じゃなくても、みんなけっこうな知識を持っています。

だから、専門家の時代は終わりました。宗教の時代も終わりました。はっきりいって、政治家の世界も終わったんです。急速に、進化するということです。

それで、次のステージが2012年ではないかと、私はこの15年間言い続けているわけです。

ちなみに、先日大阪空港に、私の本が置いてありました。「うわーお」と目を丸くしましたね。この異端者の私の本が、空港の売店にあったんですよ。ありえないんです。やっぱり仕組まれていると実感しました。ハンコックと私の共著が並んでいました。その隣の隣の隣には、2012年なんとか……という本がありました。価格が500円、安い。パラパラパラパラッとめくってみたら、どこかで聞いたことがある話が書いてありました。あれ？　私の名前がいっぱい載っているのです。私の著書、数冊を組み合わせてできた本でした。私には、特になんのことわりもなかったんですね。やっぱり、日本はコピーの国だなと思いました。でも、まあいいじゃないかと。私が言いたいことが書いてあるんだし、いいやと思いましたね。500円ですから、売れるでしょうね。飛行機でそうしたダイジェスト本を短い時間でチャッと読める、そういう時代なんです。

aerospace consultant のジャーナリストがアポカリプスの本を出しているという、今はそんなタイミングです。2年前なら、バカ扱いですよ。aerospace consultant が、こんな本を出せるわけがなかったのです。

今、なにかに真剣に取り組もうと思うのならば、それが遅すぎることはありません。それは、素晴らしいタイミングです。

人類、アルちゃんも含めて、みんなそれぞれの役割を立派に果たしくれているのですが、問題は深刻化していますね。われわれの細胞は、既に分かっているのに、その細胞の上に座り込んでいる脳みそが分かっていないんです。細胞はみんな分かっていて、脳に対して、「何をやってるの、おまえたち」という感じなのです。

「毎日、何を考えてるんだ？　死ぬこととか、カタストロフィーとか、変化が怖いとか、環境や異常気象がどうのこうのって、そういうことを考えてる場合じゃないんだよ？・」と。

考える必要があるのは、これからの数年をどのようにナビゲーションするのか。これが、いつも私のテーマです。

先述しましたように、自分の細胞は、意識的にプログラミングができる、それは、コンピューターだからです。membraneだからです。

たぶん、あと2年か、3年か。私は予言者ではありません。でも、明らかに言えることは、ますます複雑化していく。案件の数が増える、時間が速くなる。変化のスピードは明らかに、非常に速くなってきています。前回のお花見は、私の体内時計では7カ月前でした。皆さんはいかがですか。前のお花見は1年前でした？　私の感覚では、7～8カ月前です。家の前の花を見てから、7カ月が経過した感じがします。たぶん、次のお花見は5カ月後です。2012年になると、お花見から次のお花見の期間は3カ月です。それ以降は、もう紅茶を飲みながらピュッ、すぐにお花見です。

その間に、もう新聞も読めないほど毎日ショック、ショックの連続です。もう、ぶっ倒れるほどショックが来ます。

でも、何のためのショックかが分かれば、大きな打撃はありません。デザイナー・インテリジェンスは、一刻も早く、このしょうがないマトリックス次元を片付けろという指令を出し、そのタイムリミットを示してくれています。それを理解して、それに対応するスタンスが取れるかどうか。

つまり、皆さん方が、どこまで自分の肉体を信ずるかということです。そして、どこまで自分のスピリチュアル・アイデンティティに信頼をおくかという問題に過ぎないのです。

そして、心に投資するか、ほんのちっぽけな3%の肉まんに投資するか、どちらにしますかということなのです。ビジネスマンだったらどうするでしょう? どんなビジネスマンが、肉まんに投資するというのでしょうか? 未来がない肉まんにです。

「じゃあ、3%の肉まんに100万円投資する。97%には、まだ投資しません」

「でも、すごいんですよ。ビッグドリームですよ、この97%は」

「いや、ドリームには投資しません。どうぞ、肉まんに」

それで、企業が肉まんに服を買ってあげたり、もっといい仕事を与えたり、もっとセックスをやっていいよとか、「肉まん万歳」となります。

肉まんの神々はみんな、巧妙なんです。肉まんの神々はみんな、権力者なんです。それが今、ばれてきているのです。

旧約聖書のヤハウェ(Yahweh)。あいつはもうほんとに、よくだましたんです。

あのヤハウェがイスラエル人に言ったことは、本当にすごくえげつないのです。まず、「ほかの神々を拝むな」ということに疑問。なんで?

「ほかの神々を拝むな」ということは、ジェラシーを持っているということですね。ジェラシーを持つ神さまって、どうなんでしょう？　それだけじゃないのです。本物の神がいるということが、このおっちゃんには分かっているのです。だから、みんなが本物の神に近づけないように、俺だけにフォーカスしろということですね。

グノーシス派は知っていた――マトリックスの世界を作ったフェイクの神

これが分かっていたのが、グノーシス主義です。アルダバロスというフェイクの神、デミウールジュともいいますが、それがマトリックスの世界を作っているんです。すなわち、物質次元を作ったのは、本当の神ではない。そのとんでもない発想は、2000年以上前からありました。

世界的に上映された『マトリックス』でも、このことがよく描かれています。でもほとんどの人は、その重要な内容を分かっていません。

あの映画に出てくる、白いヒゲを生やしたアーキテクト（創造者）は、マトリックスを6回作ったといいます。第1回の太陽から始まり、第6回の最後の太陽、これはジャガーの太陽で、今のことをいっています。

そのアーキテクトは、フェイク(偽物)の神です。しかし、神のように振る舞い、宇宙をつくり出すパワーを持つ神です。そして、「私だけを拝みなさい」というのです。

日本人はラッキーですよ。そのフェイクの神に、はまらなかったのですからね。たいへん、ありがたいことです。ほとんどの世界の宗教が、フェイクの神々にはまっているのです。だから今だに、世界でバトルが続いているでしょう。イスラエルのフェイクの神、キリストのフェイクの神、イスラムのフェイクの神、みんなフェイク。

はっきり言います。「You are fake!」。本当の神じゃないのです。でも、巧妙なんですね。自分の宗教に、勧誘するのがうまい、頭が切れる。でも、偽物なんです。

では、本当のものはどこにあるのでしょう？ もちろん、皆さんの中にあるのです。すべての細胞の中に、コンタクト・ポイントがあります。

これから、97%の目に見えない自分が、3%に対するプログラミングの仕事をしなければなりません。今回の話をご理解くださった方は、具体的にどうすればいいのかを考えてみてください。

そして、EPIGENETICSのメッセージを、シンプルに受け取ってください。自分はボス、自分が親分なのです。自分のDNAを作った者は、自分ではありません。しかし今の責任者は、自分自身です。DNAは次のステップに移行しようとしているけれども、妨害されています。ノーシーボの世界に、だまされようとしているのです。

これからは、ますますノーシーボの世界になります。テレビをつければ毎日、今日は爆弾で何人死んだ、の世界です。病気の世界、ディザスター（大惨事）の世界、もう、うんざりでしょう。これは、スーパー・ノーシーボ効果なのです。

その効果の影響を、毎日受けてしまう自分がいます。ゲートがないんです。

でも本当は、細胞の表面のその膜に、ゲートがあるのです。そのゲートを通していいものと、入れてはいけないものとがあるんです。そういう堅固なゲートを、頭の中に作らなくてはなりません。

だから理想的なのは、明日の朝、窓を開けて、下に誰もいないことをまずチェックして、テレビと最後の抱擁をして、「いい友達でしたね。でもね、おまえは役割を終えたよ」と、放り投げて捨ててしまうこと。その後、人生がどう変わるか。いい方向に向かうことを保証します。

私も、テレビを見ないことはないんですよ。ドキュメンタリーには素晴らしいものがあります。でも、全般的にテレビは子供たちにすごく悪い影響を及ぼすことが分かって、廃棄しました。アウト。

それで、子供たちは本を読んだり、絵を描いたりしています。それも、プログラミングなんです。それも、環境コントロールなんです。自分の家の中の環境は、コントロールできるんです。家の中のエネルギーがどうなっているかも、普通の振り子（ダウジング）で分かります。

私のアメリカ人の友達は、振り子のスペシャリストで、家の中のエネルギーの悪い場所がすぐに分かります。彼に、「あなた、毎晩ここに寝てるの？　脳がガンになっちゃうよ」といわれるぐらい、エネルギーがひどく低い場所があったりします。この方法は、誰にでも使えるんです。イエスか、ノーか。ここでは寝たら駄目とか。それによって、家の中の環境を変えることができます。

昔の日本の家には、床の間がありましたね。そこは、スペシャルスポットなんです。今はありますか？　もう、物だらけでしょう。まず、物を捨てる。すると、軽くなる。なるべく軽くすることをお勧めします。

たいへん厳しいかもしれないですが、食べ物も減らすこと。そんなにはいらないのです。これからの進化のためには、たくさんは必要ない。もっと少量の食べ物で生きていく、もっとライトになる。

これについて、私は今、実験中です。個人的な話ですが、毎週12食しか食べません。普通の人は21食です。3回×7日ですが、これでは多すぎです。毎週12食も、慣れればもうらくちんなんです。なんにも苦しいことはありません。これはお勧めいたします。食べなくちゃ……、というのは、思い込みなのです。それは、3%の思いなのです。では、残りの97%にシフトしたら？　こっちの97%は、永遠なる存在です。だから、投資したらどうですか？　簡単な話でしょう。マトリックスの外の世界を信ずることです。

皆さん、それぞれのやり方でいいんです。そういう世界を天国と呼ぼうが、極楽と呼ぼうが、関係ありません。

簡単にいいますと、何を信じても関係ない。信ずること自体がポイントです。信ずるメカニズムがポイントです。

だから、神々の名前はどうでもよい。何でもけっこう。例えば、私はポパイを信じますという人がいたとします。ポパイは私の神です。ポパイの像の前で、毎日ポパイを拝むのです。ポパイはすべてを可能にしてくれる。パイプを吸ってるポパイ。ポパイは私の守り神です。それでもいいのです。でも、ポパイに対して100%信じなくてはいけないということ。それが、できるかどうかの問題です。

そして、100%信ずるというパワーは、今度はどこに行くでしょうか？　そう、細胞壁のアンテナに行くのです。100%信ずるパワーが信号としてはじめて入ってきたときに、細胞はめちゃくちゃ喜びます。

「やっと、分かったんだね。150億年、待ちに待ったんだよ。もう、何でこんなに時間がかかったんだい?」と。

でもやっぱり、プログラミングがあるのですね。タイミングは今なのです。

なぜならば、このデザイナー・インテリジェンスが、内から表面に出てくるからです。2012年。そしてわれわれが進化の頂上に至ると、デザイナー・インテリジェンスという存在が、リアリティをもってはっきりと表れてくるというイメージです。融合するのですね。目に見えない世界と、目に見える世界との融合です。多次元の融合、すべての融合。それこそ、one。細胞は、oneなのです。

だから、細胞に起こることは、すべての人類に起こることとです。このメカニズムはシンプルでしょう? 信ずること……、それがどうやってできるのかが、皆さんのたいへんな宿題です。どうすればできるのか。これは運動といっしょ、筋肉トレーニングといっしょです。信念トレーニング、信ずることのトレーニングです。

だから、毎日のように実験してみてください。成功するかどうかは分かりませんが、とにかくトライです。

私は、この1週間で、二つの実験をやりました。お遍路をしている最中に、どこかの山の中で膝が痛くなったのです。朝から右膝のあたり、これを膝蓋骨というそうですが、歩きすぎて摩擦が激しかったのか、「いてー」と悲鳴を上げている。これはちょっとつらい……、いや、考えないことにする。考えないことにしても……「痛い」「痛い」。また、考えないことにする……「痛い」「いたーい！」って、やっぱり痛みはごまかせないんですね。

そこで、実験をしてみました。皆さんにもそれぞれの方法があっていい、何も決まり切ったやり方じゃなくていいんです。私の場合、まず、足を止めて森の中に座りました。そして、自分の足を出して、持参の100％ハッカ油を取り出しました。ハッカ油は便利なもので、頭痛などにもすごく効きます。まずこれを、塗りました。

そして、次は真剣に祈るのです。1分くらい、集中していました。そして、たばこをふかしたのです。煙をふかして、自分のひざに吹きかけました。誰もいなくてよかった（笑）。「この人、何をやってるんだ。自分の膝にハッカ油を塗って、たばこの煙を吹きかけて祈るなんて、おかしなやつ。そんなので効果、あるわけないでしょう」と、思われたことでしょう。

これを、すごく素直な気持ちでやるのです。たばこの煙をふかすテクニックは、ペルーのシャーマンから習いました。儀式の最中に、人が変性意識状態でわーっとなっているときに、そのシャーマンが、百会《ひゃくえ》にヒュッと煙をふかしたら、ヒューッと元に戻りました。

たばこというのは、聖なる植物です。特別で、ランクが高い植物なのですね。皆さんの中でも、お香を使っている方は多いでしょう。あのスモークといっしょです。私の場合は、お香じゃなくてたばこを使っていました。

しばらくの間たばこを吸って、立ってみたら、「あれ……?」痛みがなくなっていました。

「あれれ……?」いや、ちょっと考えないでおこう。ちょっと歩き続けてみよう。1時間くらいして、またチェック。やっぱり痛くないのです。完璧に、痛みがなくなっていました。

これは、偶然起きた個人的な出来事、たまたまかもしれません。でも、言いたいことは、とにかく実験することです。

皆さんの信念を動かしてくれるイメージ、神、何でもいいのです。それを、筋肉トレーニングのように、毎日訓練、強化することが、これからますます必要になるのです。絶対に、価値があることです。

これからは、それしかないんです。いくらお金があっても、いくら地下深く穴を掘っても、スペースシップで逃げようとしても、無理です。「give up!!」。来ます。間違いなく来ます。ものすごい物がこの地球に来るのです。

そして、あごが外れるほどビックリしながらも、分かっている人は、われわれの待ちに待った出番だということが分かるわけです。そのときに、自分の信念がどう動くか。そのど真ん中にいる自分の信念は、どうなるのかということです。

第2の実験についても紹介します。私の奥さんが、肩凝り、頭痛、いろんな症状が出て、もう寝られなかったのです。そこで、実験、心の中で祈ったのです。その後は、忘れる。あまり大げさにしない。すごくシンプルなことです。

しゃべりながらでも、お祈りすることができるでしょう。イメージすることができますよね。「この人がよくなりますように」と。身近な人ですから、イメージも簡単です。

だいたいの場合、身近な人については軽視するものですね。自分のワイフとか自分の子供に対しては、あまり意識をしないことが多い。絶対に、身近な人からスタートするのがいいと思います。私は、このことで頭の中で怒られました。

「なんでおまえはワイフに何もやってあげないの？　講演で偉そうなことを言ってるくせに」と。

それで、ワイフについて祈ったら、翌朝、すごく調子が良くなりました。ちゃんと結果を出すことができたのですね。

そんな時代になったのです。そんなに、めちゃくちゃ修行しなくてもいいんですよ。筋肉トレーニングのように、気軽にトライしてください。どうか、自分の信念を動かしてくれる何かを見つけておいてください。何でもけっこうです。

でも、フェイクの神だけは、ちょっとやめておいたほうがいい。フューチャーがないんですね。偽物の神はノーフューチャーです。全部、ばれてしまいますからね。

すでに現代では、ほとんどの先端神学の専門家は、キリストが自分の肉体で復活したという話はとんでもなかったと、はっきり分かっています。これには、2000年がかかりました。キリストが復活したというのは、人間の信念を動かすストーリーでした。だから、リアリティがなくても関係なかったんです。信ずることがポイントですからね。100%信ずる、死んだ男の体が復活したと。今まで、そんなことは一人もできなかったにも関わらず、キリスト教の信者はそれを信じていました。

これは、一種の神話です。神話は大切ですが、われわれはもう、子供ではありません。新しい神話が必要です。新しい神話とは、フューチャーです。

進化の頂上からの変容（メタモルフォーゼ）

私はよく、サナギがチョウに変わるという、変容（メタモルフォーゼ）の話をします。バーバラは、もっと具体的に説明しました。そのサナギの中に、彼女の表現で言いますと、イメージング・ディスクができてくるということです。

ボディに、新しい種類の細胞ができてくるときに、サナギの体内に反発が引き起こされます。「エイリアンが入って来た。免疫作用を引き起こすのだ。殺せ」と。

それは、単細胞が複細胞に変わって、酸素が現れた時に等しいですね。

「毒ガス。毒ガス。アラーム」。

でも、アラームを鳴らしていてもしょうがない。これからは、酸素の時代だとすぐに理解して、チェンジ、複細胞にチェンジしました。だから、われわれは今、ここにいるんです。

サナギの中のイメージング・ディスクは、けっこう根性が強い。サナギの体の中に異物が入り、殺そうとする。それが、今のわれわれの世界です。

はっきり言って、削減するというのは殺そうとする話なんです。CO2は、削減したってしょうがないんです。それは、殺そうとする、削減しようとするメンタリティなんです。でも最終的に、DNAのレベルでこれからはチョウですよというメカニズムが始まったら、チョウのイメージング・ディスクは、絶対に作動するようになっているのです。もう、サナギはお手上げ、バンザイするしかないんです。われわれの状況は、それとまったく同じです。

だから、お勧めします。毎朝起きて、鏡の前で「give up!!」と言ってみてください。これはいいじゃないですか？

「I surrender!!（私は降伏する）」

「I give up!!」

「どうぞ、意のままにしてください、宇宙よ」

そのぐらいの根性でないと、生き残れません。

「今日はどのぐらいの電気を使ったっけ？」「ガソリンの使用量、計算しなくちゃ」「また環境を悪くしてる」とくよくよする。そんな余計なことをしている場合じゃないのです。もっと、大きな精神を持たなくちゃいけない。

進化の頂上に来たので、僕はこれから、私はこれから、変容します。イメージング・ディスクが入っているので、間違いなく変容するのです。何が生まれてくるのか、わけが分からない。でも、間違いなく生まれてくるでしょう。皆さんは今、ここにいるのですから。次のステージは、すでに準備されています。


今からは、CO2削減ではないアクションを引き起こすべきです。そのアクションは、皆さん次第なのです。皆さんは、独立個人です。そして、細胞も究極の独立個人。独立個人でありながら、みんなと協力し合う。だから体ができている。すべてがうまくいっている。

だから、細胞のまねをすればよいのです。それだけです。

皆さんのアクションに期待しています。

地球巡礼者

＊本編は、私が2007年９月に行った講演が基になっています。

すべては、意識レベル次第

これまでの講演で、いろんなトピックについて話をすることができました。

例えば、DNA、リモートビューイング、シャーマニズム、古代文明、ミステリーサークル、テンプル騎士団、そして太陽のこと。

また最近、陰謀論とか陰謀説という言葉がよく耳にはいると思うんですが、ちょっと違う解釈をしますと、それらはある意味、まだ解明されていない科学であるかもしれません。

今の段階では、陰謀論とか陰謀説とかいわれ、どちらかといえば眉唾ものととらえられている話も、後日、やっぱりそうだったとわかる日が来るかもしれませんね。

もちろんすべてがそうではなく、ノイズ、つまりゴシップにすぎない陰謀説もありますが、陰謀論、陰謀説というのは実は、たいへん大きな役割を果たしています。

その役割とは、人を考えさせるということです。

我々人間は、1つの現象に対して、原因や説明が1つしかないと思いこんでしまう傾向があります。

今回、多次元宇宙の話もしていきますが、1つの現象に対しては様々な理解の仕方があるだけではなく、その人の意識レベルによって、解釈などが異なってくるわけです。

自分の意識レベルを少し変えてみれば、なぜ今この世界ではフォース、つまり圧力、武力、権力など、エントロピー的で意識レベルの低い現実的なパワーであるフォースが勝っているのかが気になってきます。これは、百万ドルのクエスチョンなんですよね。

皆さんはよく聞くと思いますが、意識改革が起こっているとか、みんながスピリチュアルな方向に向かいつつあるとか言われていますね。でも、私はまったく反対だと思っているんです。

今の世の中、大きなステージで見れば、ほとんどその傾向はないんですね。今回は「パワーかフォースか」について、もう一度語ろうと思っていますが、簡単に言えば、いわゆる人の意識レベル、スピリチュアルレベルが高くなればなるほど、大きなパワーを持つようになるはずなのです。

そして、平和のパワー、いわゆる愛のパワーの方が武力、権力よりもずーっとパワフルだと言われているのですが、では、なぜ今の世界で嘘ばかりついているリーダーが、次々と戦争の準備をするのか、なぜ我々のパワーで、それを変えることができないのか、不思議に思えますよね？　本当に、意識のルネッサンスが起きているのであれば、そんなはずはないでしょう。

インターネットもありますから、光のスピードで全世界的に新しい情報、いわゆる意識に関する情報も、伝達されるわけですからね。百年前と違って、スピードはめちゃくちゃ速いわけです。

だから、少数の人間からであっても、意識レベルの高いメッセージが全世界に伝達されれば、ブッシュみたいな存在は許されないはずなんです。

ご批判される方もいらっしゃるかもしれませんが、ビンラディンの方が、ずっと意識レベルが高いように思うんですね。ビンラディンは復活してきているようですが、彼の最近のスピーチは今までとちょっと違ってきています。アメリカ国民に対してまず、「アメリカの皆さん、どうしたのですか？　なぜブッシュに2回も投票したのですか？　私には理解できませんね」と語っているのです。

そして、ブッシュに対してはもうストレートに、「貴方のやってることは大失敗してるでしょ。何にも解決になっていないでしょ。悲惨な人間は増えていく一方だし。だから、貴方に残されている道はイスラム教に改宗するのみです」というわけなんですね。考えてみたら、けっこういいこと言ってるんです。

すなわち、君に残されている道は、心を完全に変えること、洗心すること、まともな神の信者になることのみだということです。だから、どうぞ私たちと一緒に、まともな神さまを信心してくださいというメッセージです。

一方、ブッシュのスピーチは、意識レベルがはるかに低いわけですね。例えば、ビンラディンに対しては、ぜひともクリスチャンになってくださいとは一度も言ったことがありません。ただただ、おまえらが悪いという繰り返しです。

現在の世界のステージを見て、私は不思議でしょうがないんですよ。なぜ、世界の人々の意識レベルは上がらないのか、なぜ、フォースがずっと勝っているのか、考えました。その結果、おそらくたいへん不思議なメカニズムがあり、いわゆる世紀末が早くなるような役割を果たしているのかもしれないという考えに至りました。

すなわち、人間の心の中には、まだまだ暴力が残っているわけですね。だから、この暴力のゲームをとにかく解決しましょう、とするならば、もう、スーパー暴力で解決するしかないのかもしれません。そう考えると、戦争に対する見方は変わるかもしれません。

もちろん、みんな平和が好きなんですが、人間は近い将来に大きなシフトをせざるをえない。だから、いろんなことを速いスピードで解決しなければならないと思えば、それぞれのリーダーが、役割を果たさざるをえない状況なのかもしれない。

もし、マザーテレサがブッシュに会えば、決して彼に悪意を持つことはないでしょうね。むしろ、すごく同情するかもしれません。彼が少しでも進化できるように、祈ってあげることでしょう。

すべては、意識レベル次第なんです。ニュースの見方も、あらためて見直してみてくださいね。ニュースを見て、「税金？　横領？　殺人？　武力制圧？」などと腹を立て、精神的にも調子が悪くなると、意識レベルも下がってしまいます。ニュースを見れば、昨日の私のように、ブッシュのやろう、またやってるなという意識になるわけですが、5分後には、「あ、言ったことには何の意味もないな」と意識次第では思えるようになります。少し自分の意識レベルが高くなれば、今度は、あ、この人には役割があるんだと気づけるのです。

これは、すごく日本的な考え方ではないでしょうか。世界の見方は色々とあり、やはり相手の本質を理解するということでもあるんです。サイエンスもそう、スピリチュアルもそうなんですね。その時の自分の意識レベルによって、得られる情報、受けられるインパクトは違うんです。

実は私は、2001年に、カナダから日本に帰ってきたんですね。それまでは、12年間、カナダを拠点にしながら、ずっと日本との間を往ったり来たりしていました。

それが、2001年に帰ってきた時には、何らかのメッセージというか、役割があるようなフィーリングがあり、タイミングとしてはけっこうむりやりに帰ってきた状況だったんですね。本当は、帰ってくるつもりはなかったんです。やっぱり日本は狭い、うるさい、空気が薄い、水も汚い。

カナダは、広大な自然が広がっていて、環境的にも非常に優れている場所なんですが、アクションは日本だと言われたんです。

そして、あらためて気づいたんです。やはりアクションはここ、日本なんですよ。

その後の、この8年間の経過を見れば、いろんな変化がありました。日本においても、例えばこの意識というテーマ、スピリチュアルというテーマ、多次元、五次元等々のテーマは、2001年の時点では、聞く耳を持つ人はほとんどいませんでした。

この8年の間にいろんな本を出版しましたが、今回はこれまでの内容を簡潔にまとめようと思います。

多次元を巡礼する旅

その引き金は、実は四国だったんです。ご存じのように、四国には古代から、八十八ヶ所を巡礼するという伝統があります。でも実は、四国だけではないんです。全世界、どの国へ行っても、巡礼する話があります。

巡礼は、実際のところまったく楽しいことではないんですね。やろうと思う方は、よく考えた方がいいですよ。楽しくないんです。すごく、シビアなんですね。それは、歩くことだからという意味ではありません。精神的に、非常にきついんです。

まず第一に、巡礼をしようと思う人間には、ハッピーな人はほとんどいないんですね。社会から脱落した人、離婚、病気、破産した人等々、問題を抱えている人が多いのです。だから、なんとかこの巡礼ですべてを浄めようと、苦労を厭わない、そして少しでも成長しようという思いの方が、非常に多いですね。

だいたい2つのグループに分けられると思うんですが、もう一方の方々は、バスに乗って巡っている、おじいちゃん、おばあちゃん方ですね。非常に楽しそうです。

グループで移動して、お寺に着くとバスから降りてスタンプをもらって、次のお寺に行って……、よっしゃ、これでいい事をしたという満足感もあって、楽しくてしょうがない様子です。これも、素晴らしいことなんですよ。

ヨーロッパ人の巡礼者は、非常に少ないんですね。しかし、年をとって、そろそろ死ぬということを意識している人は、やっぱり死ぬ前にちょっといいことをしたいという気持ちになるんです。それは、仏教徒であってもなくても、世界共通のことだと思います。

70~80歳くらいの平均年齢の、あのグループは非常に楽しそうです。ご高齢にも関わらず、たいへんよく、頑張っていらっしゃるとも思います。

けれども、一人で歩き遍路をする人たちの姿は、まったく違うんですね。もう、すごいシビアなんですよ。そして、一人で歩いているんですね。グループで歩かないんです。なんでそれをやっているのか、理由を尋ねたくなります。なぜ、わざわざこんなきついことをやるんですかと。

彼らだけではなく、全世界の巡礼者に聞いてみたいと思うんです。なぜならば、巡礼をするということは、実は地球全体の、地球人としてのテーマなんですよ。

我々は全員、地球人ですからね。そして我々は今、巡礼している最中なんです。

まだ気づいていない方が多いのですが、我々は、次元の巡礼をしているのです。つまりこの三次元、いわゆる物質世界から、近い将来、多次元にシフトしていく旅が始まるのですね。それが巡礼であれば、超古代から今日に至るまで、伝統となっているということです。それが、スピリチュアルな伝統です。

ですから、お遍路さんは個人的にはお勧めしません。もちろん、やってもいいんですよ。けれども、すでに皆さんは巡礼者なんです。今、巡礼しているのです、宇宙の中で。

実際に、今、そこに座っているだけで、時速約10万キロメートルで太陽の周りを移動しているんですよ。それに、地球が自転する速度が日本においては時速1400キロメートルです。そのスピードも合わせて考えれば、皆さん、すごいスピードで移動している最中なんですね。

誰にも、そういう感覚はないですよね。でも実際に動いているわけなんです。太陽系という我々の小さな星たちも、巡礼しているんですね。太陽系も、銀河の中心の周りを巡礼している、そしてこの銀河系も、さらに宇宙の中を巡礼しているわけです。

ひょっとしたら、全三次元宇宙も巡礼している、旅しているといえるのかもしれません。旅と巡礼はどう違うかといえば、目的を持つか持たないか、それだけです。ただの放浪者と巡礼者の違いは、目的意識なんですね。巡礼者には、ちゃんとした目的意識があります。あの場所に行かなければならない、と。

例えば、チベットのもっとも聖なる山は、カエラシ山といいますね。ですから、カエラシ山へ巡礼するチベット人や、インド人は非常に多いのですね。その巡礼者たちはたいへん貧しい場合が多く、すごく苦労をして、その山へ行くのに何ヶ月もかかることもあるのです。

なぜ、そこまで苦労して巡礼をするかといえば、日本人的に考えればあの山にご神体があると思っているからなんです。彼《か》の国では、昔からそういう発想があるわけですから、巡礼も当たり前のことなんですね。

でも、我々はいつのまにかじっとしているようになって、フリーズ状態で鉄のヘルメットをかぶらされて、宇宙の情報が入ってこないようになっている状況です。

アンインハビタブル・アース

では、なぜ今フォースが強いかというと、人類がある種のウィルスにかかっているからなのです。そのウィルスによって、大きなこと、大切なことを、忘れてしまっているのです。我々は、進化している生命体である、旅している生命体であるということを、忘れているのですね。

今回のテーマに関しては、2つの要素があります。アース（地球）、進化と地球巡礼者です。この3つというのが、また面白いんですね。古代からこの3つという数字がシンボルになっていることが多いのですが、それらは何を表しているのでしょうか。

そして、なぜ、我々のいる次元はダイメンションと呼ばれるかですが、ダイは2つという意味です。ダイ、ダイメンション、我々の今のこの次元は、2つの大きなパワーによって動かされているんです。プラスとマイナスですね。二元性の次元です。

後で詳しく述べますが、なぜ電気的宇宙論が大切であるのか、ずばり言わせていただきたいと思います。電気は、プラスとマイナスです。

そして、実はすべての事象に電気の影響があるんですね。それは、電子というものがあるからです。しかし、プラスとマイナスにもう1つの側面がなければ、つまり、ニュートラルがなければ、物事は起きえない……、それぐらいの大切な要素があるんです。だから今回は、スピリットの話、環境の話と、科学の話をいたします。

まず、環境の話です。一番身近なテーマですね。

ご存じのように、ブッシュ政権は温暖化を懸念しているという一方で、京都の議定書に賛同していないんですね。でも、先日ＢＢＣニュースで放映していたのですが、ブッシュ政権の科学スポークス・パーソンはとてつもない表現をしたのです。近い将来に「アンインハビタブル・アース」になるっていうんです。インハビットは住むこと、生活すること。アンインハビタブルは生活できない、生きていけないということ、つまり「生きるに耐えない地球」というのが直訳となるわけです。近い将来、この地球は住めない星になりますよと、はっきり言ったんです。

それまでは、あいまいな表現をしたり、地球環境に対しては強気の発言がほとんどだったブッシュ政権が、突然、近い将来にこの星に住めなくなると言い出したのです！　えーっ、何を言ってるんだ、この人達は？　と、かなりの人たちが驚いたことと思います。アンインハビタブルという言葉は、すごく強力なインパクトがあるんですよ。絶対に、絶対に生活できない、生命体は１００％いられないというような、強い意味を持つ言葉なんですね。なぜ突然、そんなことを言ったのでしょう。

その後、また面白いニュースが放映されました。アメリカ南部にハリケーンが上陸したことについてです。ご存じのように、ハリケーンは暖かい海の上で発生しやすいのですから、地震と違って、十分に予測することができるのです。

だから、カトリーナの場合は、1週間前から様々な準備をしたんですよ。ハリケーンには、1から5までのその強さを表す数値があるのですが、カトリーナはカテゴリー5でしたから、一番強烈なハリケーンだったのです。220キロメーター以上の風速でした。150年ぶりに、すべての気象学者の顎が外れるような現象が起こったんですね。

それは、はじめはトロピカル・ストームと呼ばれる、熱帯嵐でした。その熱帯嵐が南部に接近していることをみな認識していたのですが、すごく速いスピードでハリケーンに変身してしまって、死者まで出たのです。

この2つのニュースは、同時にBBCニュースで放映されたのですが、もう1つ、ニュースがありました。3つ目は、科学者に書かれた、温暖化を完全に否定する新しい本が出版されたということでした。その本の内容は、温暖化は我々の活動とはまったく無関係で、完全にナチュラルなことだというものなんです。

すなわち、大自然的なサイクルの中で、今はたまたまそういうサイクルというだけで、我々の活動とは何にも関係ないということでした。

20分程度で放映された同じテレビ番組から、これらのニュースはズンッとエハンの脳みそに入ったんです。たいへん面白いですね。なぜこの3つの情報が今来たのか。皆さんもよくご存じのように、我々の環境は、たいへん危険な状態になっています。

そして、私の本を読んでくださった方ならお分かりのように、基本的には私は、温暖化の原因が人間の活動に基づいているとは思っていません。

しかし、人間が原因になっているという証拠もいっぱいあるのです。アル・ゴアは当然、科学者の発想に基づいてデータを出しているのですが、その科学者の一人は、テン・フレネリーという人です。この人が出版している本のタイトルは、「ザ・ウェザーメーカーズ」、すなわち、天気を作り出す人達ということですね。

つまり、我々のことを言っているのです。我々が、どのように気象を変えているのか、そしてそれがこの地球にどう影響しているのかということなんですね。

この人は探検家、科学者であり、コンサーベーション（自然保護）にも携わっているエコロジストなんです。絶滅しつつあるいろいろな動植物類を保護していこうという、たいへん立派な方です。この人が書いた本を真剣に読めば、疑いの余地はまったくないほど、やはり私たちがCO_2を出していることによって、温暖化を引き起こしているという結論にならざるをえないと思うのです。オープンマインドで読めば、間違いない、私たちだと、確信してしまうのです。

そこで、世界的にもそういうオピニオン（意見）が非常に強いわけです。私も、温暖化が人間の活動とはまったく関係ないとは言えません。

しかし、我々の行いが温暖化に影響していることは否定できないけれども、１００パーセントが我々のせいであるとは同意できないのです。その理由は、非常に単純です。なぜ、我々の影響だけではないと言えるのか、１つだけエビデンス（証拠）があります。

そうです。太陽系が全体的に温暖化しているということです。繰り返しますが、現在、温暖化は太陽系全体に渡っているのです。冥王星まで確認できています。これには、科学的なデータがたっぷりあるんです。

それについて私の研究仲間が、２０２年惑星Xの接近についての科学的なデータを出してくれました。その仲間とは、元々CNNのサイエンス・リポーターだった、マーシャル・マスターズと、ジャック・ヴァンデルウォール、それと、オランダの物理学者で、古代文献であるコールブリンの世界一の研究家、ジャニス・マニンの3人です。彼らは冥王星は今、どうなっているのか、火星はどうなっているのか、土星はどうなっているのか、等々の情報をたくさん提供してくれています。

だからほぼ間違いなく、温暖化は太陽系の全体的な問題ではないかと思われるのです。そうなると、ふむ、と考えますよね。我々は地球の温暖化を加速させているのかもしれない。そうかもしれないけれども、基本的には太陽系全体の現象だとすれば、ちょっと見解を変えざるをえないんですね。

我々は現在、いろいろなエンヴァイロメンタル（環境）的なものにフォーカスさせられています。カーボン・フットプリントという新しい表現をご存じでしょうか？　毎日、どれくらいのエネルギーを使って、どれくらいのCO2を出しているか、個人で測定できる方法があるんですよ。

今日は電気などのエネルギーをどのくらい使ったのか、一ヶ月で何回飛行機に乗ったか、車や電車にどれくらい乗ったか、全部計算すると、出したCO2の値が測定できるのですね。それを見て各々が反省し、無駄をなくして使用量をできるだけ減らしましょうとなるのです。

そうした運動は、とても素晴らしいとは思います。しかし、あまりにもその問題に集中させられるのも、いかがなものかと疑問に思うのです。

「今日は、こんなにエネルギーを使ったのか」と、けっこうナーバスになってしまいますよね。そして、少しでも多く使ったら大きな罪悪感をもってしまったりもするわけです。

それが、果たして本当に人間のためになることであるのかどうか、非常に大きなクエスチヨンマークだと思います。同じ時間の使い方としては、そういうことに目くじらをたてるのではなく、もっと有益なことに自分の意識をフォーカスした方が、人類全体のためになるのではないかという気がしてなりません。

けれども、この意見に同意する欧米人は、おそらくほとんどいないでしょう。絶対に、おまえはクレイジーだと言われるんですね。次元シフトとか、太陽系の温暖化とか、まず信じません。

火星の温暖化があったとしても、火星が地球に接近したり、遠ざかったりするサイクルがあるので、たまたま今、太陽と火星の間の距離が短くなってるから温暖化してるのでしょ、という反論です。

だから皆さん、私が言っていることに対して、しっかりとした反論もあるわけです。これは、大事なことなんですよ。断言はできないんですね。

けれども、これまで勉強してきた結果、どう考えても、これは地球よりももっと大きな規模の、環境的な危機であるということが分かったんですね。ひょっとしたら、この環境危機によって、人類は大きなシフトをするというメカニズムがあるかもしれないのです。

カタストロフィズム——天変地異説とは?

ここで、少しだけ進化の話をしますが、今までの進化のカテゴリーは、だいたい2つです。創造論と、進化論ですね。実は他にも、もう1つあるんです。

ここでうかがいますが、創造論を信ずるアメリカ人、すなわち、神が人間を作ったのであって、だんだん生命体が進化してきたというプロセスはなかった、と思っているアメリカ人のパーセンテージはどれくらいだと思いますか? 当ててみて下さい。創造論とは、神が7日間で宇宙を作ったというストーリーです。そして、1つ1つの生命体を、プラモデルみたいに作っておいたということなのですが、このストーリーを信ずるアメリカ人は、57パーセントということです。

ちゃんと教育を受け、大学も卒業した原理主義クリスチャンであるアメリカ人の半分以上は、創造論を信じているわけですね。

しかし、学校にはデータがたくさんあるのです。地質学的なデータや、化石化した大昔のアニマルのパーツがあっても、「いや、それはたまたま」って言うんですよ。たいへん不思議ですね。

一方ヨーロッパでは、99パーセントの人が進化論支持者です。創造論は信じません。

けれども、アメリカ人の約６０パーセントが信じていることを、完全に間違っているとは言えません。何か、シグナルがあると思います。信憑性のある部分もあるんですね。当然、ダーウィン論にも、ある部分では信憑性があります。

そして、進化に関しては、創造論と進化論以外にもう1つの理論があるんです。それは、カタストロフィズム（天変地異説）というものです。

すなわち、カタストロフィ（大惨事）が起こることによって、生命体のシステムが突然変異するということです。突然、進化するという発想なのです。これが、３つ目の説ですが、おもしろいですよね。必ず3つ出るということ。ある理論に対する反論があれば、必ずどこかにもう1つあるんですね。

でも、カタストロフィズムについては、皆さんほとんど、ご存じないことと思います。カタストロフィズムは、ダーウィン以前からありました。１９世紀の初期にジョルジュ・キュヴィエというフランス人の解剖学者がいて、化石の研究もしていたんですね。

しかし、ダーウィンの仮説によって、この説はほぼ絶滅してしまったのです。その説とは、定期的に大きなカタストロフィが訪れることによって、ある種が絶滅させられて、それに変わる新しい種が誕生する、というものです。

つまり、突然の進化が起きるという考え方なんですね。どでかいショックがくることによって、生命体システムは変わらざるをえないということです。

その次の提唱者は、割と知名度が高いと思われますが、イマニュエル・ヴェリコフスキー博士です。日本語に訳されている、「衝突する宇宙」（法政大学出版局）はお勧めです。このヴェリコフスキー博士は、元々、フロイトの弟子です。心理学者、精神分析をする人なんですね。

そして、彼がぶつかった1つの大きな問題は、なぜ、人間の深い意識の中に強いトラウマ状態が残っているかという謎についてです。ほとんどの人間の深層に、トラウマがあるんですね。すべての人間がシェアする潜在意識よりも深いレベルにある、我々の集合的無意識にトラウマ状態が残っており、どんなに心理学者が頑張ってもこれはクリアできないという問題がありました。その問題にぶつかったこの博士は、全世界を対象にいろんなリサーチを始めたのですが、とんでもない発想に出会ったのです。それが、カタストロフィズムでした。

3番目のカタストロフィの専門家は、ノーベル賞受賞物理学者のルイス・アルヴァレズです。彼はスペイン系の学者で、6500万年前にユカタン半島に大きな隕石が落ちてきたという発想を、世界に発表した人なんですね。

ユカタン半島に、どでかい隕石がボトンと落ちたことによって恐竜が絶滅した、という説の最初の提唱者が、この人でした。

この3人が、カタストロフィズムの提唱者なのですが、今はほぼ完璧に無視されています。なぜならば、我々はトラウマを持っているわけですからね。もし、彼らの唱えるカタストロフィズムが本当の話だとすれば、当たり前に拒絶反応が起きるのですね。それは、思い出したくないんだと。深いところで、これだけは見たくないんだというリアクションがあるわけですよ。

でも、どう考えてもそれがあるように思える根拠は、世界各国の伝説と神話です。これについては、これまでにもいろいろと語ってきましたので、今回はちょっと違う観点から我々の環境、この地球の変化、そしてカタストロフィについて話をしたいと思います。

2007年5月にラスベガスに行きました。ラスベガスはおもしろい。ディズニーランドを拡大したような、アダルト・ディズニーランドみたいな感じです。どこに行ってもスロットマシン。トイレに入っても、スロットマシン。最後の最後まで、飛行機のゲートにまでスロットマシンですよ。

もう、どこまで私のお金を吸い取りたいか、と思わされます。飛行機に乗る直前のゲートの所で、最後にもう一回遊ばない？　という感じですね。ホテルにチェックインしようと思えば、フロントまでの数百メートルの通路に、何千台ものスロットマシンです。そしてみんなで、ガチャガチャガチャガチャ……って。あ、これはすごい場所だなと思いました。

そして、ラスベガスといえば、ショーですね。非常に優れた、ハイレベルなナイトショーもあります。向こうでシルク・ド・ソレイユも見ましたが、素晴らしかったです。

さて、ラスベガスに行った目的は、スロットやショーではありませんでした。第4回目の、電気的宇宙論の提唱者の国際会議があり、ある一人の提唱者のインタビューをしに行ったのです。

3日間、いろんな専門家の話を拝聴した中で、カタストロフィズムについて、とても詳しい先生もいらっしゃいました。35年間も研究している、マルタ生まれのドワルフ博士も、デービッド・タルボット先生もいらっしゃったのです。デービッド・タルボットという方は、古代神話を徹底的に分析するという学問の分野で、世界一の人だと私は思っています。彼は、このカタストロフィズムについて、本当に不思議な結論に至ったそうです。

私の本の読者さんはご存じのように、この太陽系の中の褐色Y星と思われる天体が太陽に定期的に接近することによって、太陽はその影響を受け、リアクションを引き起こす。そして太陽が大きなフレアを出すことによって、この電気的宇宙の中で温暖化が引き起こされるというメカニズムがあります。

しかしその他にも、私自身、最初に聞いた時はそんなはずはないと思った仮説があるんですね。

究極の神のボスだった土星（サタン）

たぶん皆さんにとっても非常に信じがたい話かとは思いますが、紹介しておきます。大きな、エンヴァイロメントの話ですね。サタン、すなわち土星仮説です。サタンセオリー、まだ聞いたことのある人は少ないかもしれません。

我々の太陽系のメンバーの中で、火星までは堅いボディを持っています。地球のように、石でできているのです。

では、火星のお隣さん、木星はどうなのでしょう？　そのお隣さんの土星はどうでしょうか？　それらの星は、ガス体です。太陽と同様、ソリッド（固体）ではないんです。まず、それをはっきりと覚えておかなければ、次の話は分かりません。

先日、この仮説がどれほど注目されているかと思い、インターネットで検索してみました。すると、198万件がヒットしたのです。ほとんど200万件のヒットがあるということは、世界的にこの仮説は注目されているということであり、その理由がどこかにあるはずですね。既ヒントは、SF映画「2001年宇宙の旅」の続編、「2010年宇宙の旅」にあります。既に観た方も、もう一回観ておいた方がいいです。

この映画で、木星は太陽になってしまうんです。すなわち、木星も土星も、電球に例えれば非常にローエネルギー状態なんですね。0から100まで回すダイヤルがあったとすれば、今の電球のエネルギーは、10程度のレベルなのです。では、100まで回したら、その電球がどれほど明るくなるかを想像してみてください。

実際に、土星も木星も、今は非常にローエネルギー状態なのですが、突然、どでかい太陽に変わる可能性は非常に高いのです。土星も木星も、実は太陽のように輝く星なんですね。だから、それらを失敗した太陽であるという考え方もあるんです。

さて、古代人は、サタンのことをどう呼んでいたでしょうか？　世界各国、シュメール、アカード、エジプト、ギリシャ、ローマなどなどで、やはりサタンと呼ばれていました。古くから、大きな神という存在だったんですね。究極の神のボスだったのです。

デービッド・タルボ博士は、古代人がなぜ肉眼ではなかなか見られないような星を、宇宙のボスのような高いステイタスに祭り上げていたのか疑問に思い、その謎に迫りました。そして、とんでもない結論に至ったのです。ヴェリコフスキー博士も、同じ結論になったそうです。

古代の人々は、太陽を「安定する星、サタン」と呼んでいたのです。「動かない太陽、サタン」と。なぜそういう呼び方をしたのでしょうか？

動かない太陽、じっとしている太陽、どこにじっとしているかといいますと、北極の真上です。驚きますよね？　こんなナンセンスはありますか？

これは、今の宇宙物理学のセオリーを、完璧にひっくり返す発想なんですね。今の発想では、９つの惑星はものすごい大昔から、同じ位置づけを保ってずーっと回り続けているというものなのです。

でもその発想は、現代科学の根底にある、思いこみかもしれないんです。安定している太陽系に対しては、「衝突する宇宙」という発想もあるんです。

もちろん、今は安定しています。しかし、昔は安定していなかったのです。ものすごく、不安定でした。

ラスベガスで、私はタルボ博士に聞いてみたんです。

「博士、この話は何百万年前の話ですか」

「いやいや、何万年前の話です」

「え？　何万年前？」

「そうですよ、地球人は目で見たの」

「何を見たのですか、先生」

「違う太陽を目で見たんです」

すなわち、彼らが見た太陽は、ゴールデンエイジ、黄金時代の太陽だったんですね。沈まない太陽、安定しており、動かない太陽です。

その時代の地球の位置は、今とは違い、太陽の周りを回っていたわけではありませんでした。我々にとっての太陽は、サッタン、去ったんですよ（笑）。

だから、ユダヤ教では一番聖なる日をサバットというのです。エルサレムにも行きましたが、サバットの由来はサタンなのです。なぜ、彼らは聖なる日を土星と同じに名付けたんでしょう？　一番大切な日とはすなわち、サタンを拝む日だからなのですね。

とても不思議な話ですね。これについて、現代科学者はこう言うんです。「たまたまです。全世界的に、サタンの神話があるというのは、たまたま、偶然の一致です」と。

でも、今となっては目で見えない星を、すごく重視した理由がどこかにあるのではないでしょうか。全世界の昔の人が、あまねくこんな作り話をするものでしょうか。

きっと当時は、目で見えていたのでしょう。おそらく、北極の上ですね。北極の上に、サタンという星がじっとしている。そして、間に火星も金星もあって、重なって見えたりもしたのでしょう。今とは、軌道が完全に違うということなんです。

「ほんとかな、先生」と私は反論しました。

「それならば、神話だけじゃなくて、ちゃんとした証拠がどこかにあるはずでしょう」と言ったのです。

すると、あると言われたのです。北極の化石を見れば、分かるって言われたんですね。そこにすごい文明があったと思われるような化石が、北極の氷の下に豊富にあるらしいのです。そこに太陽がじっとしていたなら、おそらくその光は南極までは届かないでしょう。

そのライトは非常に暖かく、ちょっと赤っぽくて、その当時の人間は一日24時間浴びられたわけで、もう、地上の天国みたいな感じだったでしょうね。ものすごく気象は安定しているし、毎日同じぐらいの温度、北半球の人間はすごく快適に過ごせたはずです。それが黄金時代であったと、彼が言うのですよ。

なるほど、こういう発想もあるんですね、と面白く思いました。なぜ、電気的宇宙論の会議に、そういうぶっ飛んだ神話学者がいるのかという感じです。

一方、カール・セーガン（アメリカの天文学者、SF作家であり懐疑主義者）は、この発想を支持しているヴェリコフスキー博士について、酷評しました。博士の評判はがた落ちだったのです。カール・セーガンは、天才的なPRマンでハンサムだし、メディア使いが上手なんですね。一方、ヴェリコフスキーはユダヤ人の先生で気難しい。でも、頭は切れる先生です。

そして、全世界の神話を徹底的に分析している、心理学、物理学、天文学などの学者は、ほぼ例外なく、ヴィーナスの神話とサタンの神話について、信憑性があるという評価を下しています。

ちなみにタルボ博士も、電気的宇宙論に出会うまでは、地球の、また他の惑星の配列が変わるということがありえるとは、説明できませんでした。

今の天文学では、重力は我々の九つの星の位置づけをずーっとキープしてる究極のパワーだと思っているのです。これはずーっと同じ、変わらない見解ですね。

しかし、重力よりももっと偉大なるパワーがあるとすれば、それは電気なんですよ。

この電気的宇宙論があれば、カタストロフィズムも納得がいくと、それに気づいたタルボ博士と電気的宇宙論の先生達が一緒に、「これだ！」となったんですね。

なるほど、我々のこの地球に電気が流れているとすれば、重力なんか関係なく、その電流が弱くなったり強くなったりすることにより、位置が突然変わってしまう事は充分にあり得るという、簡単な話です。

大昔、同じ太陽がずっと北極の上にあったのを見ていた古代人は、これは神様だ、サタンだ、と言っていたのでしょう。

だから世界各国、シュメールの時代からずっと神話は伝承され、残っているのです。サタンセオリー、サタン仮説に興味があれば、ぜひ、本などを読んでいただきたいと思います。

ヴィーナス（金星）の誕生――ドラゴンが宇宙からやってきた

そして、他にも神話があるのです。ゴールデンエイジは突然終わり、地球の歴史が変わったんですね。モンスターが現れたのです。古代人はみんな、ドラゴンが現れると言っていたのですね。恐ろしいドラゴン、天の龍です。

どでかいドラゴンが宇宙からやってくるとはつまり、金星の誕生のことなのです。ヴェリコフスキーは、金星が一番新しくできた惑星だといっています。ジュピターからはき出されて、3千数百年前に生まれたっていうんですよ。そして彗星となって、一番若い太陽系のメンバーになった。そのカタストロフィの時にサタンの変化もあり、今のような配列に変わって、今の太陽の周りを回るようになったと、それが何万年も前ではなく、宇宙的な視点で見ればごく最近の3千数百年前のことだというのです。信じがたいことですね。

でも、全世界的にそういう神話、伝説があるので、ひょっとしたら本当かもしれないと思います。

だから、突然環境が変わるということは、新しくもなければショッキングな話でもありません。今は進行中ですから、ポジティブに捉えないと、とても怖くなってしまうかもしれませんね。次々と、何がやってくるのか分からない。でも、このメカニズムには、何か役割があるのです。

それが、カタストロフィズムで語られていることです。それは、進化というメカニズムです。我々の環境、我々を取り巻く、我々を守ってくれる、この環境は崩壊しつつあります。そして、我々の免疫体制、免疫システムも今、崩壊しつつあります。めちゃくちゃに弱くなっているんです。だから今、自分が完全に健康体だと言い切れる人は非常に少なくなっています。どこかしらに不調を抱えている人が大多数です。

でも、150年前の日本人に「あなたは健康ですか？」と尋ねれば、ほとんどの人が「あたりまえだ」と言っていたことと思います。環境に自信を持っていた、体に自信を持っていたという事です。

この地球を取り巻く環境、この大気が今、崩壊しつつあるとすれば、我々の免疫システムの機能も低下しているわけです。当然、我々の意識は影響を受けるんですね。そして健康にも、自信がもてなくなってしまう。

環境汚染のレベルは、もう、とてつもなく上がっています。もう1冊、「目に見えない殺人(Invisible Killers)」(Rik J. Deitsch and Stewart Lonky 著　Sound Concepts)という本を紹介します。環境汚染についての情報を、徹底的に収集した本です。我々の空気中、水中、食べ物の中にどれだけ汚染物質が入っているかという恐ろしいデータなんですね。これを読むと、よくみんな生きているなと感心してしまうほどなのです。

どれだけの汚染物を毎日摂取していることか。きちんと計算すれば、たぶん気絶するほどでしょう。どんなに注意を払っても、食べ物や水の汚染とは、無関係ではいられません。汚染された空気も、中国から来ています。アメリカの大気汚染の40パーセント以上は、中国からきているというデータが出たんです。地球は1つですからね。私たちはクリーンにしてますよ、と言っていても、吸っている空気は遠くからきていて、汚染がひどいのです。そういう時代なんですね。

大気の汚染がどんどんと広がり、いろんな生命体もどんどんと悪影響を受けています。我々人間は、一番タフだと思うのです。一番鈍感だからですね。敏感な生命体は、次々と絶滅しているんですね。例えば、今週の絶滅のリストに入ったのはゴリラ、来週は……と、毎週新しい種が絶滅のリストに上がっています。来週の絶滅リストに、次はおまえ達と書いてあったらどうなるのでしょう？　もう、時間の問題ですと言われたらどうしますか？

今後のプログラム、進化のメカニズムとは？

何度も申し上げますけれども、なにかが接近してきているわけですよね。なにかのメカニズムや、目的があるに違いないと思うから、私は地球巡礼者というテーマを選択したのです。まず、地球のことを知る。そのためには、古代史を知る必要がある。

これまでも、何回もコルブリンや古代シュメールの情報を提供してきましたが、古代地球には、何回もカタストロフィが起こっており、また起こりえるのです。

では、それはどういうプログラム、どういうシステムなのでしょう？　偶然にそうなるのか、あるいはちゃんとしたメカニズムがあるのでしょうか？

あるんです。進化というメカニズムがあるので、みんなで地球巡礼者になっていく準備をしている時代なのです。ズバリ言います。皆さんは、地球製ではないんです。つまり、皆さんのＤＮＡの源は、この星ではありません。この星で誕生した種とするのは、どう考えても無理があるのです。

これまでも何回も言っていますが、皆さん方の源は他の星です。いろんな星々のエネルギーをもつ生命体であり、すごく長い旅をして来られたわけなんですね。何百億年間ですよ、ここまでくるために。

だから、決して消滅するとは思えません。究極のカタストロフィがあったとしても、人類という、たぶん宇宙一の存在は無くなるものではないと、私は確信しています。信じる、信じないは皆さん次第ですが、どう思われますか？

そうでなければ、今の世界は腹が立つことばかりです。せっかく生まれてきたのに、汚い水、汚い空気、もう食べ物もひどい。

少し前の話ですが、農水大臣でしたか、和歌山県のどこかの店に行って、クジラの肉を買いました。検査したら、すごい高い水銀濃度。これはもう、フードとは呼べないものですが、子供の給食にも入っているらしい。1つ1つはチェックしないんです。あと3、4年後は、魚を食べられないかもしれないですよ。次々と、みんなの大好きな物は飛んでいくんですね。

イタリア人も、スパゲティを食べられない時代になったという報道を見ましたか？　なぜそうなったかというと、穀類の問題です。パスタを作るためには小麦が必要ですね。イタリアでは小麦を栽培する畑が減っているのです。なぜならば、バイオ燃料にするために、別の植物を栽培するようになったのです。ガソリンとか、ディーゼルではなくて、バイオ燃料ですね。

すなわち、クリーンエネルギーの時代、植物から燃料を作る時代になったので、畑の何十パーセントかが燃料用の植物の栽培に変更されたのです。その影響で、パスタの価格が20パーセント高くなる。イタリア人はみんな、こんなに高くてはパスタが食べられないと怒っています。こんな時代が来るとは、イタリア人も夢にも思わなかったでしょうね。

でもどこにいても、これまでは想像もできなかったようなことが起こりえる時代です。魚が食べられないとか、そのうち日常的にガスマスクをつけなくてはいけなくなるかもしれない。それは想像したくないですね。でも確かに、この環境は崩壊しつつあるわけです。

そこで、サイエンスの分野で、ものすごく素晴らしい発想力をもって解決しようと一生懸命に研究している最中です。

私はゴアさんとか、彼の仲間達がやろうとしていることは決して否定しませんけれども、時間的にはたいへん難しいでしょう。

毎日のように、新しい問題が出てきます。スピードは速くなる、カオス理論的に言いますと、ターニングポイントが来ます。ターニングポイントの別の表現はティッピングポイントというんです。ティッピングポイントは「あるアイデアや流行、もしくは社会的行動が敷居を越えて一気に流れ出し、野火のように広がる劇的瞬間のこと」だそうです。

マルコム・グラッドウェルが書いた「ティッピング・ポイント——いかにして『小さな変化』が『大きな変化』を生み出すか」（飛鳥新社）という本は、アメリカでベストセラーになりました。意識の話とか、古代の話ではありません。いろんな分野の情報を皆さんに提供するという趣旨で、もともとは非常に小さな事柄が、どのようにして大きく影響していくかを検証している本なのです。

ティッピングポイントは、突然変化する、ある時点と言うことですね。その瞬間までは何の変化もないように思えるのですが、瞬時にフィッと変わってしまう時点。

例えば、ウィルス性の病気は、ある時点からすごいスピードで伝染していく。伝染病の研究をする人の中から、この発想が生まれたのですね。インフルエンザとか、エボラとか、ある村に発生して、場合によってはその村にとどまって大きな伝染病にはシフトしないんですが、ちょっとしたことで、例えば村のおばあちゃんが井戸で、ハンカチを落とした、というぐらいのちょっとしたことで、恐ろしい勢いでアフリカ中に広まり、たったの1週間で蔓延してしまうかもしれないのです。

また、ファッション、トレンドについてもいえます。

例えばハッシュ・パピーをご存じでしょうか？　ハッシュ・パピーは、昔流行った靴のメーカーです。この会社は、ある程度まで伸びたんですが、その後は停滞してしまいました。時代遅れとなって、若者達は見向きもしなくなったのです。

そして、倒産寸前になっていたある日、マンハッタンで5人ぐらいのティーンエイジャーの間で、クラブを作ろうじゃないかという話になったのですね。そのクラブでは、みんなでちょっと変な服、変わった服を着て、風変わりな靴を履いてやろうということになりました。その5人ぐらいのファッションを見たやはりティーンエイジャーたちが、「これ、時代遅れの靴だな」「いや、俺はクール（かっこいい）だと思う」なんて話題にのせるようになったのです。

結局、「クール」という評価を勝ちとったハッシュ・パピーの靴は、すごい勢いで売れるようになりました。なんと、2、3ヶ月で株がぶわーっと上がり、二年で利益が十億、百億単位になっていくんです。

なぜ、こうなったのかという分析をしたのが、この人、マルコム・グラッドウェルでした。とてもおもしろい話ですね。ちょっとした変化によって、大激変してしまう。彼は言っていませんが、カオス理論というのも、そういうことなんです。アマゾンの蝶々の羽ばたき1つで、アメリカにハリケーンがくるという話を、皆さんも聞いたことがあると思うんですが、本当にちょっとした変化が大きな影響を及ぼすことがあるのです。

けれども、条件があります。たまたまではないんです。どのようにして流行になったか、条件は全部この本に書いてあります。だから、この本はビジネス界で大ヒットしたんですよ。うちの会社もハッシュ・パピーみたいになったらいいなと思う人は、やっぱり読むわけです。

原則的には、3つの側面があるということです。小さな変化が、大きな影響を引き起こすメカニズムには、3つの特徴があるそうです。

まずは、流行り出すとすごく速いスピードで広がるということですね。

2番目に、人から人へと次々と伝達されることです。

そして3番目は、変化は徐々に、グラジュアルには起こらないということ。非常にドラマティックに、瞬時に起こるというメカニズムなのです。ちょっとしたことが大きな影響を引き起こして、そしてインスタントに変化します。

このティッピングポイントは、2012年とか、宇宙の話とはまったく関係ありません。しかし、皆さん方にぜひお伝えしたい情報の1つなのです。このティッピングポイントの原則は、実はカオス理論なのですが、カオス理論はちょっと難しいのです。

「パワーかフォースか」でこの理論が紹介されていますから、ぜひご一読ください。

カタストロフィズムは、どうしても人間が受け入れたくないことですね。ティッピングポイントは突然の変化、しかし、意味のある変化だということなんです。

日本人はたぶん、世界の中で一番、変化が嫌いですね。だから、非常に安定した社会なんです。それは、プラス100点なんですよ。変化はいりません、ドラマティックなことは、いりません。それは、日本のソサイエティ（社会）のルーツなんです。素晴らしいことです。

そうすることによって、長らく平和が続いているわけなんですが、これからは違うんですね。いくら変化はいらないといっても、変わっている最中なんですよ。ですから、ちょっと意識を変えた方がいいでしょう。

そして、サタン仮説ですが、同じ事が起こりえるのです。私が書いた「フォトンベルトの真相」（三五館）という本の内容が正しければ、それが実現するかもしれないのです。

この本の中の、別の天体が太陽系に接近することによって、大きな変化が訪れるという話については、当時、私は十分な情報をもってはいなかったんですね。その時の私の情報元は古代シュメールの伝説だったのですが、この本の中に、その裏付けとなるような話が出てきます。

ＣＮＮのサイエンス・リポーターとしてマーシャル・マスターズがまとめてくれたのは、この十年間、太陽を観測する衛星機を何機打ち上げたかということです。

そして、南極大陸における新しい天文台を、２００７年から始動させた目的は何かということですね。それと同時に、この十年間、最も注目されている天体が、褐色Ｙ星であること、これは偶然ではありません。

褐色Ｙ星は、宇宙で一番多い種類の星だと言われているんですね。失敗した星という別名もあります。太陽になるまでは、イグニション（発火）をしないと言われています。ちょっと熱くなるとボトッと、また赤い星に戻るということなんですね。

そんな星が接近している可能性は、十分にあると考えられています。そして、２００８年はどこまで近づくかという予測や、だいたいどういう変化が起こるかという予測もあるんですね。２００８年、２００９年と、どうなっていくかの予測があります。だいたい２００９

年から、肉眼で見えるようになると予測されていますね。本当かどうかは楽しみにするとしましょう。

そういう星が接近してくれることによって、我々の進化のメカニズムに何らかの素晴らしい影響を引き起こすかもしれません。それが、私の見解です。

人類はチャレンジの世界に突入していきますが、それにつれてサイエンスの話がますます必要になってきます。

違うリアリティへのシフトに準備する

さて、エンヴァイロメントの話はこのへんにして、四国で感じたことなどを少しお伝えしますね。

お遍路をしながら、私が見た日本のエンヴァイロメントはちょっと悲しかったんです。四国に最近行ったことのある人はお分かりかと思いますが、あの地方は本当に、昔の日本の田舎の雰囲気がまだまだ残っていますね。私が30年前に見た日本が、そのまま残されています。昔のオロナミンCの看板が、あちこちにあるんですよ。あのメガネのおじさんの看板が、そのままになっています。

「うわーっ、70年代の、俺の大好きな日本だーっ」と感激しました。

でも、草ボーボーのガソリンスタンド、ホテル、レストランがすごくたくさんあるんです。もう営業していない建物を、壊すお金も無いんですよ。そのままゴーストタウンになったところが、非常に多いのです。とても驚きました。

その中を歩きながら、ものすごく感じさせられるんですね。喫茶店の前を通過すると、イス、内装、中にあるポスターなどなど、みんな30年前のものですよ。何にも変わってない、フリーズ状態なんです。

日本のエコノミックブームは、ここまで行き届かなかったようですね。経済的な発展は、都会的な現象だったと分かります。都会とは、まったく違う過去です。この地域の方々は、たいへん辛かったことでしょうね。

とても素晴らしい田舎の雰囲気があると同時に、ゴーストタウン的な、見捨てられたようなイメージもあり、複雑な気持ちにさせられました。

四国を巡礼している人達は、反省しているだけではないんです。実は、ある種の準備をしている人達なんですね。違うリアリティへのシフトに対する準備をしている人たちが、今、全世界的に存在しています。

だから、新聞にも載っていた新しい言葉、フリーガンを初めて知った時に、これもメッセージになっていると思いました。フーリガンではありません、フリーガン。つまり、大手企業に勤めていた人達などでも、それまでのライフスタイルをチェンジして、スーパーマーケットで毎日残されている食べ物、主に果物と野菜をタダで分けてもらったりしているんです。これまでは捨てていた、少しだけ色が変わったり、しぼんだりした野菜などをアメリカ全土で計算すると、アフリカの一国ぐらいの人たちが食べられるほどの分量があったそうなんですね。大量の食べ物です。

日本でもそうですね。東京で、まだ食べられるものがどれだけ捨てられているのか？　膨大な量であり、骨で感じているようなエコロジスト、エンヴァイロメンタリストたちは、これではいかん、これはおかしいと痛切に思うようになったのです。

それでアメリカでは、もう、リッチなライフスタイルは捨てましょう、そして毎日スーパーマーケットから、タダで残り物をもらってそれで食べていこう、という人が増えているんです。すごくエコロジカルなんですね。これなら、もったいないオバケは出ないでしょう。

そういうことを始めると、ちゃんと考えて食べ、そしてすごくシンプルな生活を送ることができるんですよね。そういう生き方もあるねと、ちょっと感心しました。

もう一つ例を挙げますが、大金持ちで大成功したまだ２０代の女性がいるのですが、彼女は突然、北極へ行ってしまったんですよ。周りのみんなは、今の給料を捨ててなにをするというんだ、と猛反対しました。でもその女性は、いや、今のこの世界では、こんなことをやっている場合ではないと言ったそうです。

このように、世界各国で、何らかのメッセージを受信している人が増えているようです。これではもう、やっていけないぞという気づきですね。

私も、ある種の変化は起きてるように思いたいんですが、毎日、日本で生活をしていると、どう考えてもこれは、突然変化が訪れても大丈夫なようには準備されてないだろうと感じています。もちろん私も日本の生活をしているわけで、いい生活ですよ。でも、大好きな表現ではありますが、ちょっと勘違いすればあきらめるという意味にもなる「しょうがない」という発想ではしょうがないんですよ。ある程度は、準備をしないといけないんですね。

我々は、これから訪れるティッピングポイント、カオスポイントに向けて、準備が必要です。だからといって、フリーガンをお勧めしているわけではなく、毎日スーパーマーケットに行って、半分ダメになった食べ物をもらうだけでは、これも物足りないと思います。象徴的な話としては、非常に素晴らしいことなんですが。

「地球巡礼者」とは？

さて、巡礼者についてはだいたい説明しました。目的意識を持って放浪している人です。いわゆる放浪者と違って、目的意識を持ち、自分の心を浄めるために、あえて苦労をする人のことなんですね。苦労しなければ、お遍路はできません。足も痛いし、疲れもものすごいのです。実際にやってみれば、皆さんびっくりしますよ。ただ景色を見ながら歩くのではないのです。普通の観光客なら、お寺からお寺へ移動するだけで、ここらへんは景色がいいねとかいう意識になるのでしょうが、本当に巡礼しようと思えば、心の中に不思議な変化が起こります。

お遍路の道には、巡礼の先輩方、何百万人いるのか分からない先輩方が、その意識のトレース（軌跡）を残しているのです。彼らの意識が、道に残っているんですよ。何十万、何百万人でしょうか。心を浄めるという目的意識を持って苦労した人達は、すごいものを残したんです。

そのために霧の中で動いているような感覚になり、いくら今日は楽しくやろうじゃないかと思っていても、歩き出したらなんだかクワーッと重くなるんです。クワーッ……、これは自分でしょうか？　ウーム、自分でありながら自分でないような気がしてくるのです。

四国は歴史が長いんですよ。お遍路も、800年くらい昔から、ずーっと行われています。今でも、ぐるぐる回っている人がいるんですね。5回、10回、15回と……。これが、生活になっている人もいるんです。ある人にインタビューしました。あなた何回目ですか？8回目です。いつまで続くんですか？　わからん、いい考えがでるまでと言うんですよ。いい考えが出るまでですか……。

これは、けっこうたいへんなこと、やっぱり日本はすごい国ですね。日本はもともと、放浪者の社会ではないんです。西洋に比べれば、ホームレスは比較的少ない。でも四国ではホームレスの人もたくさんいるんですね。でも、高いプライドがあって、俺は見捨てられた人間じゃないんだという意識です。自分は巡礼者だと、ホームが無くてもお遍路の道すべてがホームなのです。

そういう意識で動いてるわけですから、巡礼者の生き方は決して楽しいものではありませんが、すごく深い、すごくリアル、すごくユニークで大切なのです。

だから、彼らから学んだことはいっぱいあるんです。

では、「地球巡礼者」とは？　我々は元々、宇宙の種です。皆さん方の本当の正体は、宇宙の旅人なのです。だから、宇宙での旅は終わらないんです。

スティーブン・ホーキンも、アーサー・C・クラークも含めて、地球人は10年、20年以内に、別の星に移動しなければいけないという人たちもいます。

そして、ブッシュ政権の発表で、地球が住めない星になるというメッセージもきているんですよ。もう、アメリカ政府というレベルから情報が来ているんですね。

これに対して聞く耳を持たなければ、それこそしかたがないんですよ。でも、聞く耳を持つ人は少ない。「アンインハビタブル・アース」、今まで一度も聞いたことのない恐ろしい表現です。

だから、宇宙を旅する。地球巡礼者よ、これから準備として必要なものは、いったい何なのか。「パワーかフォースか」に置き換えて言わせてもらうと、環境に意識があるとすれば、たぶんその意識レベルは下がりつつあります。怒り、葛藤、暴力などの意識に今、変身しつつあるわけです。我々の環境自体が、意識的に低くなっていっているように思われます。それが、ますます悪化するという予想も、思いこみではないと思うのです。

だから、ここまでの話で一番伝えたいことは、問題がある、それについては、宇宙全体の環境からメッセージ、お知らせが来ているから確かである、しかし、目的があるからそうなっているのだ、ということです。

最近、五次元に行きましたか？

さて、今度はサイエンスの話をします。サイエンスは、我々のマインドを象徴しているんですね。意識レベルが高いんです。我々の現代社会に、大きく影響を与えています。

私は、科学が大好きなんですけれども、残念ながら今の科学は、五次元の話をしても認めてくれません。

けれども、知名度の高い、ハーバード大学の理論物理学者、リサ・ランドール博士が五次元についてのサイエンスの本「ワープする宇宙――5次元時空の謎を解く」（日本放送出版協会）を出されたので、これはちょっと有望だなあと思いました。

ただ、実際に科学者達は五次元に行っているのでしょうか？　「まもなく世界は五次元へ移行します」（徳間書店）という私の本を読んでくださった皆さんにも聞いてみたいのです。

「最近、五次元に行きましたか？」

まもなく移行します、というけれども、誰も行っていないわけです。では、いつ行くのでしょう？　突然、みんな行くのでしょうか？

ある程度、準備が必要なわけですよね。我々の祖先が海から陸に上がった時には、すごく長い年月のプロセスがありました。そして、実際に単細胞が複細胞に変身するための条件は、環境危機だったんです。

その時、単細胞人口は、増えすぎていました。単細胞だらけの世界を想像して下さい。単細胞、単細胞、単細胞……と、もうアップアップで、これ以上はやっていけないよという時に、彼らにとっては毒ガスである酸素が地球上にできてしまい、単細胞は参ってしまいました。どうにかしなければいけないと焦っていると、突然、複細胞になって進化が始まったのです。

今の段階は、それに等しいわけですね。毒ガス、汚染、異常気象、その他諸々……、ということは、五次元へ移行する準備がそろそろ必要なのですね。

本当は、私は五次元という表現はあんまり好きじゃないのです。その理由は、アインシュタインから来ているからです。三次元は空間、四次元は時間、五次元は……、六次元は……という感じですが、私の好みの表現は、多次元です。

科学の世界でも、複数のパラレルワールドがあるという発想が存在しているのです。宇宙は1つではないんです。現代科学者の中で58パーセントの方が、マルチプル・ユニバーセズ、つまり多重宇宙、パラレルワールドが存在することを信じています。すごいでしょ？

宇宙は1つじゃないんだと信じている科学者は半分以上なんです。

そのリーダーは、スティーブン・ホーキング博士ですよ。科学者の内、19パーセントはノーと言っています。他の科学者は、わからんという状態ですね。

つまり、科学の世界においては、この宇宙しか存在しない、という発想はもうないんですよ。

しかし彼らは、この宇宙と同じような別の宇宙が無限に、パラレル的に存在していると想像しているのですね。数学的にもそのように計算しているのですが、ほとんどの科学者は、自身は別の宇宙には行っていないのです。五次元や多次元には、行ったことがないんですよ。行ったことのある科学者は、ごくごく少ない。そういう科学者を増やさなければ、人間が五次元へシフトする準備は、心許ないものであると思うんですね。五次元体験、多次元体験をしている先生方が、今後どんどん現れてもらわないといけないんです。

だから日本でも、そういう科学者が絶対的に要求されています。すると、どのようにすれば異次元へ行くことができるかという問題にぶつかりますね。

ここで、非常にリアリスティックな話をします。ものすごく現実的な話です。実際、異次元にはとても行きにくいんですよ。この次元を抜けて、別の次元へ行くということは、たいへんに難しいのです。

まず、ゲートが閉じているんです。ゲートがあるという気配がしたとして、今、行きたいと思っても、そこを抜けられません。

どう想像しても、どう頑張っても、一生懸命、瞑想などをしても、なかなか行けないのです。現実問題として非常に行きにくいということは、古代からずっとみんなが知っていたことです。この次元は、シークレットですね。秘密です。

しかし、古代エジプト人は、ゲートの開け方をよく知っていました。だから、しょっちゅう行ったり来たりしていたんです。まるで宇宙飛行士のようでした。

もう、時間がないからずばり言います。五次元へ行くのはたいへん難しい。人類は、ウイルスにかかっている。三次元に束縛されるようなウイルスにかかっているんです。五次元のことを想像さえできないようなウイルス。そして、行く方法もわからない、行こうと思っても、いろんな問題で妨害されるのです。行くな！　ということですね。

なぜ、人間はこんなにも頑固になったのか。こんなに大きな危機を共有している中、科学者が別の次元があると言ってるのにも関わらず、です。

この次元は危険だということになると、じゃあ、引っ越す準備をしようじゃないか、科学者の先生方、パラレルワールドがあるんなら、私はAというパラレルワールドへ行きたいわ、でもどうやって行くの？　宇宙飛行士みたいにロケットに乗って行くんですか？　という発想になるかもしれません。

でも、それではダメなんですね。実際のところ、人間が地球から離れるのがどれだけたいへんかといえば、スペースシャトルの燃料を計算するだけでも、アメリカの一年分の電気代の何パーセントかを占めるそうです。一機のスペースシャトルが大気圏を抜けるためだけでも、とてつもないお金、エネルギー、研究、準備が必要なわけですね。それに今の段階では、例えば火星や月に行けたところで、まだまだ人間が普通に暮らせる状況ではありません。

ホーキンス博士たちは、地球人はもうそろそろこの星から移動せねばならないとはっきり言っています。もう、未来がないんです。ガイア仮説を唱えるラブロック博士も、もう遅い、別の星を至急探さなければいけないと、はっきり言っているんですね。

だから、我々の子供たちの子供たちが、この地球にいられる可能性はごくわずかなんです。別の表現をしますと、この次元にいられる可能性は、ものすごく少ない。もう、不可能に近いです。

これが、まもなく世界が五次元へ移行するというメッセージなんですね。何にも理想的な話ではない、現実的ですね。新しい家に引っ越すということ、それを理解できる科学者が必要だと思って探していたら、ようやく一人、見つけました。

それは、クリフォード・A・ピックオーバー博士です。エール大学卒業、細胞の専門家でありながら、物理学にも、数学にも、芸術にも、宗教にも、アルケミ（錬金術）にも、ドラッグにも詳しい方です。

あ、やっとレオナルド・ダ・ヴィンチみたいな人がでてきたんだな、と思いました。これまでに60冊以上もの本を出されていますが、ありとあらゆる面白いトピックについて書いてあります。

ある本のタイトルは、「A Beginner's Guide to Immortality」です。不死、不滅のガイドブックということ、ずいぶんと大胆なタイトルですよね。それに、風変わりな人達、エイリアンの脳みそ、そして量子力学的な復活、というサブタイトルがついています。

すなわち、人間は復活できると信じている人なんです。死んでも復活する、絶滅しても復活できると述べていますが、彼は無神論者なんです。とても面白い人で、こうした科学者をもっと増やさなければといけないと思いました。

そして、なにが一番面白いかと言いますと、この人が、頻繁に変性意識状態を体験しているというところです。

その方法は、聖なる植物をシャーマン的に活用して、脳内化学物質を変化させて次元をシフトしているのです。この方は実際に、この三次元から抜けて別の次元へ行って帰ってきています。何十回も往き来しているのです。それと同時に、非常にしっかりした科学のベースがあります。

彼のような科学者で、これまで会ったことがあるのは、ジョン・C・リリー博士です。イルカとクジラの脳の研究者でもあります。彼はアイソレーションタンクという、感覚を遮断する装置を発明し、その中でＬＳＤを使用して、４９の別の意識レベルに行って帰ってきた人なのです。

４９段階の意識レベルがあるというのは、「チベットの死者の書」とまったく同じ結論です。

これは、実際に行ってきたことの証《あかし》ですね。地獄から天国までというようなレベルがあるそうです。

リリー博士は、地球人に一番必要とされているのは、新しい脳と意識だと言っています。著書の中には、脳の働き、記憶の働きと、意識の働きについてが、詳しく書いてあります。

例えば、皆さんの記憶のメカニズムは、世界一ミステリアスなんですね。昨日の記憶が残っているというのはなにもおかしくないですが、去年の記憶が全部、皆さんの脳に残っているというのは、インポッシブルなんです。

ご存じでしょうか？　皆さんの去年の脳みその細胞は、とっくに死んでしまっているのです。生まれ変わったんですね。だから、皆さんの現在の脳と、一年前の脳は別物です。何の関係もないんですね。

でも、去年の記憶が残っているというのはどういうことでしょう？　現代物理学的に言えば、これは不可能です。我々は、記憶が脳細胞一個一個に残っているという思いこみをしていますが、ぜんぜんそうじゃないんです。

皆さんの記憶は、脳内には残っていません。よって、脳からどこかに、アクセスするということになるんですね。脳には、インターネットを接続する端末機のように、記憶について別の所にアクセスできるメカニズムがあるのです。

場合によっては、一人の人間の脳から複数の人間の記憶にアクセスすることができるんですよ。１００人でも、２００人でも、アクセスできます。

例えば、偉大なる科学者が大発見をした時に、別のもっと洗練した科学者の脳みそにアクセスしていたことも多いのです。それもあって、同じ時期に大発見をする科学者が世界中にたくさん現れるわけです。世の中を完全に変えるようなディスカバリーが、１０人同時である場合も多いのです。みんなが、同じ情報にアクセスしているということなんですよね。

だから、記憶や意識のメカニズムについて、脳の働きについて分からない現代科学には、大きな問題があると思います。

新しい科学者を、今すぐ募集しないといけません。ありとあらゆるドラッグを試したことがあり、ドラッグの定義をも変えるような人です。

私もその定義を変えようと思って、グラハム・ハンコック氏をこの国に呼んだわけです。今の日本の一番大きな問題の１つは、人々が絶対に変性意識状態になれないように、覚醒しないように、すごくばかげた法律があるということです。

酒は、アホみたいに飲み続けてもいい。アル中になったり、酔っぱらって喧嘩をしたり、時には殺人事件にまで発展することもあるアルコールについては合法、コーヒーというドラッグ、シュガーというドラッグも毎日摂ってもいいことになっている。それらのドラッグでは、変性意識状態にはならないんです。逆に、意識レベルは下がってしまうんですね。

我々の意識レベルを変えてくれるメカニズムは、どこにあるのでしょう。苦行することが良いという説もあります。苦行するということは、長らく飲まず食わず、アイソレーション（孤立）の世界の中、ずっと瞑想していれば、時々、ビシッとつながることもある。時々ですよ。保証はしません。

皆さんが瞑想したら変性意識状態になるかといえば、なりません。瞑想の経験がある方はたくさんいらっしゃると思いますが、実際、変性意識状態になりましたか？　ならなかったでしょう。いい気持ち、非常に安定した穏やかな気持ちにはなりますが、変性意識にはなりません。なったと感じた方、たいがいは思いこみです。

瞑想の目的は、変性意識を引き起こすということではないんですね。人間をセンタリングさせるためのものなのです。瞑想で変性意識状態になろうと思えば、百年かかります。頑張ってください……、いやいや、そんな時間はないのです。

では、どうすればいいのか？　ここは、個人個人で考えなければならない問題です。

でも、ハンコックはすごくストレートに言うんですね。ブッシュもクリントンも、しょっちゅうマリファナを吸っていた。でも、今は否定するでしょう。嘘をつくでしょう。

そして、ほとんどの偉大なる科学者が偉大なる発見をした時は、変性意識状態だったということは、今まで暴露されることがなかった情報ですね。一番分かりやすいのは、ＤＮＡを発見した科学者は、ＬＳＤを使用して変性意識状態だった時に、そのビジョンを見たのです。

アインシュタインいわく、「三次元の問題がある」のです。この問題は、この次元のレベルでは解決できません。シフトして五次元に行って、その次元で三次元のすべての問題が解決するという発想です。アインシュタインは、やっぱり天才ですね。

だから、有名なライター、科学者、発明家、パイオニアたちはほとんどみんな、なんらかの方法で意識を変えなければいけないというプレッシャーを感じて、いろんな方法を試していたのです。

そして、法律ができたわけなんですね。それが、危ないと思うのです。テレンス・マッケナという大好きな先輩がいますが、今の文明の最大の問題は、人間が多次元意識を探検することを許されていないということだと言っています。法律ができるということは、文明の最後の問題だというわけですね。

それを解決しなければ、地球人は絶滅するということです。私たちは、五次元に行かなければならない。でも、普通のやり方では行けません。宇宙飛行士になるというぐらいに難しいのです。

だから皆さんは、もう少し脳の働きについて勉強しないといけないんです。とくに、変性意識状態を引き起こす化学物質の働きについて、もっと詳しくならなければ、五次元なんか夢ですよ。無理、残されてしまうんですよ。

何で私は行けないの、ってガッカリすることになるかもしれません。準備不足だった、偏見があった、情報不足だった、勇気不足だった、と後悔しても後の祭りです。

それで、私は一番のパイオニアはシャーマンだったということが分かり、ハンコックの著書、「スーパーナチュラル」のメッセージを伝えようとしたら、どうなったか。壁が出てきたわけです。いや、それはちょっと……っていうことなんですよ。それはちょっとっていうのは、我々の現代文明における大きなバリケードなんですね。

例えば、すごく正しい情報を伝えている科学者についても、クリスチャンはみんな逮捕すべきだって言うんです。

キリストと彼の弟子は、奇跡的なヒーリングをやったといういろいろな伝説がありますが、目が見えないのを治したり、さまざまな病気を治したりしましたね。彼らは、大量のオイルを使っていたということが分かりました。

ＢＢＣニュースリポートで、キリストとその弟子が使用していたオイルには、マリファナオイルが豊富に含まれていたと報道されました。

すなわち今は、アメリカ、日本などで非合法になっている物質を山ほど使って、奇跡ともいわれるヒーリングをしていたということなのですね。

そのオイルの名前は、ケネ・ボセン・ホーネ・アノーティング・オイルといい、カンナビオイルがたくさん含まれています。カンナビオイルといったらマリファナの主成分であり、古代人は大量に使っていたようです。おまけに、我々の脳みその中でエンド・カンナビノイドという物質が分泌されている、つまり、脳の中にマリファナ細胞が入っているということなんです。

人類は全世界的に、古代から植物を有効活用していました。特にアマゾンのシャーマンは、いろんな植物の効能を知り尽くしています。

また、南太平洋のバヌアツ共和国にも、植物シャーマンがいます。そこの典型的なシャーマンは、ほとんど素っ裸で暮らしていて、すごく健康的なのですね。

彼らは、ジャングルの中である植物を使って、妊婦の流産を引き起こすこともできるというのです。子供がいらないという夫婦の奥さんにそれを飲ませると流産する、そして、また別の植物を処方して、回復させるということまでできるそうです。

これはケガに使う植物、これは我々の祖先とコミュニケーションするために変性意識状態にする植物、などなど使い分けていますが、これは原住民の知恵なんですよ。

彼らの身体の状態を見たら、もうめっちゃくちゃに健康です。彼らの免疫システムは、ぜんぜん違うんですね。彼らは、我々には使う勇気がないような知識を持っている、とハンコックはこの本で言っています。

キリストが現在では非合法な植物を使っていたとすれば、彼の弟子である現在のすべてのクリスチャンを逮捕しなければならないという結論にならざるをえません。

メディカルの世界では、今いろんなデータが出ています。ご存じのように、セックスのドラッグであるバイアグラは、世界各国で流行りだしているんですね。たぶん皆さんにおいてもそうでしょうが、私のEメールボックスに、アメリカからバイアグラを売り込むメールが山と入ります。性的にパワフルになるバイアグラを買いなさいというコマーシャルが、ものすごいのです。セックスに関してはこれを使う、目を覚ますためにカフェインを使う、そして今後は、学校の入学試験に向けて記憶力を高めるアンパカインCX717というドラッグを使うようになるでしょう。

このようなドラッグを、我々に毎日のように使わせているくせに、次元をシフトするためのドラッグのみがダメだというのはどういうことか？　と、この科学者は、勇気を出してはっきり言っています。待ちに待った、勇気ある科学者の登場です。

もう一人、素晴らしい科学者は、リック・ストラスマン博士です。彼は、ドラッグを投与した被験者に変性意識状態で見たものを描かせるという実験をしましたが、古代の洞窟壁画とまったく同じものが描かれたという結果になったそうです。

こうした科学者が、もっともっと出てこないとダメですね。

私は自著、「太陽の暗号」で人間の脳の中にはＤＮＡレセプターがあり、松果体は五次元へシフトするポータルだということを書きました。

どれほどこの第三の目を開くのが難しいことか。皆さん、今の電磁波、世界のノイズ、汚染、不健康な状態、もうこんなにも極まった状態になっているんです。こんなひどい状況で、第三の目を開き、次元シフトするのはそうとう難しいんですね。

私は決して、皆さんにこうしなさい、ああしなさいとは言いません。ただ、役立ちそうな情報を提供しているのです。世界の先端の科学者は、こういうことを言っているんですよ、と。

しかし、今の日本ではどうでしょう？　こんなことを誰でもが言えますか？　言えないでしょう。

だから、皆さんはひとりひとり、深く考えなければなりません。五次元バリケードは、すでに始まっています。我々を、変性意識状態にさせないようにする妨害は、ますます激しくなりつつあります。それを認識することも大切です。五次元に行くことは、今の状況では難しいです。たいへんに難しい。勇気が必要、情報が必要、そして個人の決意が必要です。すでに今、必要なのです。

彼の「スーパーナチュラル」の、ポイントだけ言います。

彼は進化の話として、ダーウィン論も、創造論も、両方の側面を考えています。我々の地球上には、非常に不思議な生命体がたくさんいます。その中に、キューボゾアンズがいるんですが、この生命体、4つの脳があるんです。クラゲの一種で、4つのパラレル脳があると書いてあります。そして、24個の目がついていて、最も驚くべき事は、肛門が60個あるそうなのです。60個ですよ。だから、4つのブレインがなければ管理できないんですね。

これだけの複雑な生命体、わけのわからないエイリアンのような生命体がこの動物園みたいな地球に存在していたわけですが、次々と消えていっているのです。

彼らは環境の崩壊によって、絶滅しつつあります。彼らの意識レベルがどれほどのものか、我々には測定できないのです。

例えば、我々の脳の大きさと意識のレベルは、関係ないということです。東京で毎日見かけられるカラスは、おそらくチンパンジーと同じレベルの知性だと言われています。

カラスを研究している科学者によると、カラスは道具を使うことができるんです。2つの道具を使うことができるカラスが、アフリカで確認されています。

道具としては、長い棒と短い棒が準備されます。餌が深い穴に入っているのですが、長い棒を使わなければ届かないのです。しかし、その長い棒は、プラスチックケースの中に入れてあります。そして、そのプラスチックケースを開けるためには、短い棒を使わなければならないようになっているのです。

つまり、短い木の枝を使って長い枝を出して、その長い枝で餌を取り出す、というメカニズムを理解しなくてはいけない。けれども、カラスは2秒でできるということなので、どれだけ賢いかがうかがわれますね。

そして科学者は、もう一つ実験しました。長い棒を短い棒に代えて、ガラスケースに入れたのです。そのカラスは1秒ぐらい混乱しましたが、すぐに長い棒だけでいいと気がつき、餌をゲット。

つまり、生命体の意識レベル、知識レベル、その魂のレベルというのは、我々が今まで思っていたよりも、もっと洗練されたレベルだということ。そうしたことを研究、発表するサイエンティストが今、登場してきています。

生物学者や、動物学者もとても大切ですが、我々が今、最も力を入れて募集しないといけないのは、五次元へ移行する具体的な情報を提供してくれる科学者です。

そして、現代科学のレベルでは移行することは難しいので、個人のレベルでもっと勉強しないといけません。私が紹介する本の中には、まだ翻訳されておらず、英文しかない本もありますが、翻訳ソフトを使うなどして、ある程度は理解していただけると思うんですね。だから少し無理をしてでも、こうした本を入手して、理解しようとしていただきたいと思います。

地球巡礼者に戻りますが、「ノー・ディスティネイション」というタイトルの雑誌がありま す。目的地がないという意味ですが、サティシュクマールという人が書いています。彼は、イギリスでのエコロジー・ムーブメントのリーダーとなった人です。

ディープエコロジーを超越した、もっともっと宇宙的なエコロジストとして、今注目されています。イギリスで、「リサージェンス（再生）」という雑誌も出しているんです。これは、エコロジー＆スピリチュアル雑誌ということで、地球問題、スピリチュアルな問題をカバーする内容になっています。

なぜ私がこの人に注目しているかといいますと、本物の地球巡礼者だからです。

この人は、9才の時にインドでジャイナ教のお坊さんになりました。すごい決意ですね。9才という幼さで、僕は世を捨てます、とジャイナ教の僧侶になる決意をしたのです。ジャイナ教は、ご存じの方もおられるでしょうが、一匹の虫を殺すこともないように、常にハンカチで口をふさいで歩いているのです。

その、非常に厳しいジャイナ教の僧侶として9年間、彼は巡礼するんですね。

その間、すごくスピリチュアルな活動をするんです。毎日瞑想して、食事にも注意して、生き物を一切殺さない、そういう生き方をします。

１８才になると、ガンジーの弟子に会いました。彼に、おまえたち僧侶のやっていることは、１つも社会のためになっていない、もう少し現実的な活動をしなければいけないと言われて、よし、わかった、とジャイナ教をやめたのです。

そして、ガンジーの弟子の弟子になって、世界平和のために巡礼をすることになりました。出発前に、師事していた先生から、

「ガンジー先生やヴィノバ先生が言われたことを、おまえにギフトとしてあげましょう。それは、お金を持たないで巡礼するということです」と言われました。

「お金無しで巡礼するとはどういう事ですか？　どういうギフトなんですか？　先生」と尋ねると、歩いていけばわかるという答えでした。

そして、その通りだったのです。

皆さん、お金を持たないで巡礼をしたことがありますか？　おそらく無いでしょう。私はあります。すごくパワーが湧いてくるのです。

まったくなんにも持たない状態になった人間に対しては、周りの人間が自然に守ろうとするようになるんです。ヒンドゥー教のインド人が、イスラム教徒の国にお金無しで入ること自体、クレイジーだと言われたんですね。殺されるよ、と。

けれども、何も持たない人としてパキスタンの村に入ると、みんなに驚かれるんです。「な

んてことをやってるんだ、君たちは」と。それで、自分たちは世界平和のために、イギリスのリーダーと、アメリカのリーダーと、フランスのリーダーと、ロシアのリーダーに会いに行くんだって答えます。彼らに核戦争をやめろと言うために、一万何千キロを歩いていくと言ったんですね。

村人たちは感心して、食べ物をくれたり、励ましたりしてくれました。お金がなくて、一番低いポジションにいる人間には、まわりの人間が寛容になって理解してくれるということがわかったんです。巡礼者を尊重してくれたのです。

その後、50才になって、イギリス中の聖地を巡礼しました。お金はやはり持たないけれども、イギリス中に読者がいて、毎晩違う読者の家に泊めてもらいました。

それから、教育の革命、食べ物の革命を引き起こして、ディープエコロジーのリーダーになった人は今、プリンスチャールズにかわいがられているのです。すなわち、イギリス王室に大事にされているということですね。

お金を持たないで、スモール・イズ・ビューティフルという発想を持ち、巡礼者として世界的に尊重されている人がわれわれに教えてくれることは、ある秘訣です。

つまり、巡礼する精神です。我々はじっとしているわけではなく、実際に宇宙の巡礼者なのです。

電気はシリウスの究極の神秘だった

次の本を紹介します。テーマはシリウスです。タイトルも、ずばり「シリウス（Sirius）」（Source Pubns）、M・テンプル・リッチモンドという作家によって書かれています。シリウスという星について、私は今までいろんな話をしたんですが、この本の中にすべてが含まれています。エレクトリック・ユニバースと、エレクトリック・スカイ、両方とも先端の電気的宇宙論です。

シリウスという星は直感的に、我々の魂レベルで深い関わりがあると見ていました。フリーメイソンにも関係があります。フリーメイソンのロッジは、シリウスだと言われているんですね。

古代から、テンプル騎士団のフリーメイソンは、この星に非常に注目していました。この本には、古代からの科学的なデータも含まれていて、シリウスについて詳しく書いてあるのですが、今回、皆さん方に一番お伝えしたいことは、電気の神秘です。著者いわく、電気はシリウスの究極の神秘だということです。電気という存在は、我々のすべてを決定的にコントロールしているそうなのです。

この太陽系がマイナスだとすれば、シリウスはプラスだということです。シリウスと太陽の間に、エネルギーが流れているんです。

そのエネルギーは、進化のエネルギーであると同時に、カタストロフィーのエネルギーでもあります。だから、シリウスからくる電流が強くなればなるほど、地球上の環境が定期的に、劇的に変わらざるをえないメカニズムがあるのですね。

皆さんは、目の前の物体を認識するために電気を活用しているんです。脳内にシナプスが起こっている、スパークが発せられているからこそ、物体を認識して相手が音を発するなら、それを聞くこともできる。脳みその中にイメージが現れるための働きは、すべて電気によるものです。

何度もいいますが、電気はシークレットです。そして、そのシークレットについて書かれている本は、これだけなのです。シリウスと、その電気の秘密について、詳しく書かれている本は他に無いんですよ。洋書ですが、アマゾンなどで取り寄せができますから、ぜひ読んでみてください。

シリウスは、我々の源、DNAのプログラミングと深い関わりがあるということ、次元シフトするメカニズムの中で、一番中心的な役割をしているということ、そして、日本の歴史、特に古神道の歴史は、シリウスや仏教に深く関わっていることなどが書かれています。また、ブッダとキリストとシリウスの関わりについても、非常に詳しく書いてあります。

この情報ソースは、チベットのラマ僧です。60年ほど前に、チベットのラマ僧がイギリス人の有名な瞑想者、アリス・A・ベリーに伝えた内容ですが、特にシリウスに関しては、チャネリングとしても非常に信憑性が高いと思われます。

聖地エルサレムを行く

皆さん、どこへ巡礼するかということがとても重要です。。地球人よ、地球巡礼者よと、語りかけられているのです。その五次元のポータル、入り口はどこにあるんでしょうか？　この太陽系に近いとしたら、おそらくこの星は、重大な役割を果たしていると思うんです。

ちょっと軽めなエンターテイメント本が出ました。「歴史の中の聖地・悪所・被差別民」（新人物往来社）ですが、歴史の中の聖地について書かれています。今、日本は聖地ブームですね。この本の中に僕と秋山真さんとの対談があります。

世界で一番の聖地といえば、エルサレムですね。それは好き嫌い関係なく、間違いありません。世界的に一番伝統のある、三千年間続いている聖地です。

あそこは聖地タウンで産業はありません。聖地だから、みんな行くわけです。でも、ほんまかいな、と私は思っていたんですよ。パレスチナ人から乗っ取られてイスラエルになったような曰く付きの場所が、ほんとに聖地かな、と。

実際に行ってみると、やっぱり聖地でした。ああ、なるほどなぁと、納得させられるものがあったのですね。皆さんも、ぜひ2012年までには一度、行ってみてください。

エルサレムは、世界のすべての聖地の親分です。だから、聖地のランキングがあるとすれば、やっぱり一番は三大宗教の中心地でしょう。イスラム教、キリスト教、ユダヤ教、その三つの宗教だけで、世界の人口の80パーセントぐらいを占めているわけですしね。

だから、これだけの人達が聖地だと言っているのなら、そして三千年前から連綿と続いているのなら、間違いない、これは思いこみではないと確信しました。

本当に、世界のすべての問題が反映されています。スピリチュアルの進化の問題、ポリティカル（政治）の問題、カオスのようになっている様々な問題が、一ヶ所に全部きれいにまとまっているような感じで、行ってみれば本物の聖地だというのが分かるんですね。

残念ながら、聖地の行く末というのはだいたい見えています。戦いです。

例えば、セドナのシャスタ山も聖地と言われていますね。セドナへ行く日本人は、今は少なくなったようですが、現地にはいろんなお店ができてきて、いろんな宗派、グループが現れているようです。

セドナに対する意見はいろいろとありますが、あと100年の間、何千人、何万人と人が訪れるうちに、この聖地はもともと俺たちのスポットだという人たちが出てくることになるんでしょうね。いやいや、俺たちこそがこの山を発見した、ここの素晴らしい精霊と繋がっているのは自分たちだ、などという人たちも現れ、争いが始まってしまうのです。

聖地が最後にぶつかる問題は、所有ですね。所有することは、三次元の最後の問題です。誰が、何を所有するか、ということになってしまうのです。

では、所有しなくてもいいという精神の持ち主は誰でしょう？　……巡礼者です。なんにも持たないで、ほとんど食べずに、徒歩で毎日移動しつづけられる信仰の源はなんなのかと、皆さんに考えて欲しいと思います。

すごく険しい山を一人で登って、ほとんど何も食わずというのは、心の中に燃えている何かがある、そうでなければまずできないという世界です。そういう精神とは、いったいなんなのでしょうか？

現代人には、あの聖地に行けば何かが変わる、ひょっとして、次元シフトが起こるかもしれない、ぜひ体感してみたい……などという情熱がまったくありません。セドナいいね、ショッピングしに行こうぜ、という若者であふれているようです。エルサレムになると、ここでは争っていこうぜ、となります。

イスラエルは、とても複雑です。持っていたイメージはぶち壊されました。イスラエルは

1つの国で、パレスチナ人はみな1つのエリアに押し込められているようなイメージがあったのですが、実際はそうではありませんでした。イスラエルの中に、パレスチナ人のエリア、ユダヤ人のエリアと、何百ヶ所も分かれていて、そこにはバリケードがあり、警察、軍隊がライフルを構えて、移動する人々を常にチェック、チェック、チェックですね。

お互いに嫌いあっている人達が、すごく小さな面積の中で、なんとかして平和を保つために毎日努力をしている様子を見たら、すごく尊敬するようになりました。

実際、彼らはよくやっています。そこを聖地としているのには、当然、彼らなりの理由があるのです。アブラハムがここでこういうことをした、キリストはこれをした、モーゼはこんなことをしたという史実、伝説などがあるのですね。

それぞれの見解があるわけですが、それがぶつかり合い、最終的に聖地では戦争になってしまうのです。

だから、私は基本的に聖地ブームには反対です。最終的に争いになることが、エルサレムで証明されているからです。本当の聖地はこの次元にはありません。聖地は、人の中にあるんです。

自分の中に聖地があるという意識なら、どんなに汚い町にいたって聖地なんですよね。これは、意識レベルの話に置き換えることができます。500までの意識レベルは、世界トップの科学者のレベルです。アインシュタインは499でした。ほとんどの科学者は499までです。しかし、ホリスティック的な理論を唱えたデヴィッド・ボーム博士は、502だったんですね。こういうタイプのサイエンティストが、500以上だったのです。複数の意識、多次元意識があると理解していたボームは、理解していただけではなく、行っているんです、五次元に。この次元と五次元を、行ったり来たりしていたる実験者でした。

こういう人がもっといて欲しいんですね。500以上の意識レベルになると、今度は、サイエンスがスピリットに接近するわけです。スピリットに接近しないと、我々の次元シフトは非常に難しくなります。

だから、科学は非常に大切なツールではありますが、それだけでは無理があります。エルサレムに行ってあらためて分かったのは、宗教はやはり難しいんですね。だから、日本人が無宗教なのは、誇れることだと思えます。

でも外国人から見ると、無宗教だという日本人は、すごく無責任だと思われるのですね。宗教は？　無宗教です。まあ、なんて無責任な国民なんでしょう……、となってしまいます。

しかし、宗教を持たないということは非常に素晴らしいということが、私はエルサレムで分かったんです。

アラブの居住区、ユダヤ人の居住区、クリスチャンの居住区と分かれていて、昔からエルサレムは塀で囲まれているんですね。通っていくのに、一箇所で20分かかります。どの民族も、他民族のエリアをなんとか通過できるのですが、雰囲気的にはちょっと緊張します。でも、私は白人でどの宗教に属するかは他の人には分かりませんので、アラブの人もユダヤの人も、許してくれます。観光客だということもありますし。

そうは言ってもやはり、アラブ人のエリアに入るのには緊張します。みな緊張、緊張、緊張が溢れている。緊張は、宗教の結論ですね。じゃあ、やめた方が良かったね、ということになってしまいますよね。

日本語訳では宗教となっている英語のレリジョンですが、本当は直訳すると再結になるのです。再び結ぶ、という意味ですよ、靴のひものように。もう一回、結ぶという言葉が、なぜ宗教になったのでしょうね。

そして、みんなの結び方が違うということが、エルサレムで見事に表現されています。五次元へ行かない限り、延々と殺し合いが続くのかもしれません。今も緊張しています。表面では我慢しているだけなんですね。

本当にちょっとした事件でティッピングポイントがきたら、パーッ！　と爆発してしまいそうなテンションです。我々がいる間にも、ガザ方面からロケットが飛んできたんですよ。車で一時間ぐらいの近さのところから、ロケットが飛んできました。

タクシーの運転手さんに聞いたんですね。「どう思いますか？」と。すると、「また始まったよ。始まると思った」と平然と答えるのです。

「じゃあ、平和って何ですか？」

「いや、それはこの先もないね。一時的にみんな我慢してるだけ。平和なんかありませんよ、この国では……」

あの世界一の聖地、一番エネルギーが豊富に流れている場所でさえ、三次元的に解決する方法は、これまで誰も分かっていないのです。

聖者が歩いた土地です。実際に、キリストが亡くなったという場所にある教会の中では、クリスチャンの中でもいろんな宗派が争っているわけです。この教会のこの扉からあの壁までは俺たちの領域だという宗派もあれば、プロテスタントの人達は俺たちはこの辺だ！　と主張している。もう、頭オカシイです。何考えてるのか、わけが分かりません。

そういう方々には、日本人から学びなさいよ、とアドバイスしたいですね。もうちょっと曖昧になりなさい。別にこれとかあれとか1つを選択しなくても、まったく問題ない。そんな発想はどうですか、と。

実際に、ユダヤ人をレスキューする日本人のグループはあるんです。行ったり来たりして、ユダヤ人と日本人の交流は行われているんですよ。ユダヤ人と助け合おうじゃないかという日本人はいるわけです。

宗教にうとい日本人は、エルサレムに行けば非常に大事な学びがたくさん得られると思います。ぜひ行ってください。そんなにお金もかからないし、そんなに危険でもありません。まあ、時々ロケットが飛んでくるぐらい、大丈夫です。

エルサレムの町自体は安全なんですね、やっぱりみんなの聖地だから。そのまわりで争いが続いているのです。聖地だから、その中心、最後の場所は残さないといけないので、そこへ行くのは大丈夫でしょう。

結果、私はそういう学びをしにいったのですね。クリスチャンは昔から、巡礼にはイスラエルのエルサレムに行かなくてはという精神がありました。四国８８ヶ所のようなものです。だから、偶然ではなく、私は巡礼をしながらエルサレムに行かざるをえなくなったのです。

そのメッセージを、どこで受信したと思いますか？　実は、日本の代表的な聖地である、日本の究極の神社かもしれないと言われる……、そう、伊勢神宮です。伊勢神宮で、エルサレムに行きなさいというメッセージがきたのです。不思議でしょうがないんですが、聖地は互いに交信しあっているような感じがありますね。

聖地に関しては以上です。これからは、本当の聖地は、地上ではないんです。本当の聖地は、実は幻の五次元にあるんです。皆さんの心の中に、五次元の記憶はあります。皆さんの祖先は、往ったり来たりしてたんですよ。

皆さんの意識の中に、多次元意識の記憶は残っています。97パーセントのDNAの中に残っていて、そのDNAは今、叫んでいる最中なんです。

なんでそのちっぽけな三次元にとどまるのかい、と。まもなく俺たちは3パーセントの物質次元から、97パーセントの多次元に移行しなければならないのにも関わらず、セドナとかエルサレムとか、富士山とか、聖地にこだわるなよって。

そんなレベルではいけません。地球全体を聖地にするか、あるいは自分自身が聖地、自分の心の中に聖地があれば、どこへ行ってもそこが聖地です。

それは、意識レベルの話なんですね。だから、この意識レベルが高くなればなるほど、やっぱりスピリットの世界に接近せざるを得ないんです。

だいたい500という意識レベルから、600は平和意識、700は覚醒という意識、それ以降は多次元的に意識が拡大していく一方なんです。

だから我々の仕事は、これからはしっかりサイエンスのバックグラウンドを持って、環境について詳しく知ること。今、自分の星はどうなっているかをしっかり把握すること。温暖化のメカニズムは何かといえば、20パーセントは人間の活動、80パーセントは太陽によるのです。太陽が別の星の影響を受けて、非常に調子が悪いためです。

しかし、そこにシリウスという偉大なる電気的なパワーが流れて、ここまでメッセージがくるわけです。そろそろ引っ越すんだと。そして、引っ越しをする巡礼者の意識に切り替えるのに、大切なことの1つは、物を持たないということですね。巡礼は、棒が一本あれば充分ですから。

国連の発表によると、異常気象によって十年以内に出現する環境難民の数は億単位という予想です。環境難民とは、環境破壊、つまり台風や海面の上昇などによって出現する難民のことです。皆さんも、近い将来に突然難民になってしまう可能性は十分にあるんですよ。

では、難民の意識はどのようなものでしょうか？　やはり、ほとんどの人が被害者意識になっているんですね。やられた！　全部なくされた！　家もない、仕事も無い、お金もない、ひどいことになった……という意識です。

ちょっとお金の話をしますが、ドルは今、ユーロに対して、最低レベルになっています。すなわち、ヨーロッパのユーロはオールマイティになりつつあり、ドルはますますトイレットペーパー状態に近付いていく。その中で、クレディットクランチと呼ばれる、金融機関が貸し渋りをするようになって経済が萎縮し、多くの会社が倒産に追い込まれるというドミノ効果が、今、全世界の企業に影響しています。

そして、みなカモフラージュしていて、大丈夫、大丈夫と虚勢を張っています。まるで皿回しの芸人が、複数のお皿を同時に回転させているかのようです。

でも、ティッピングポイントは近い。だから、ニュースに注意してください。

三次元のお金の話になりますが、アメリカの株式において、20億ドルを株価の下落を予想して投資した人がいたんです。これはショート（空売り）といって、株式売買の一つの取引方法なんですね。簡単に説明すると、普通は株を買うのは、株価が上がって利益が出るからなんですが、ショートは株価が下がることで利益が出る取引なのです。

その方法で、9・11の後に飛行機会社の株が暴落することを見越して、ボロ儲けした人がいたのです。その20億ドルを投資したのは一人だったのか、グループだったのかは分かりませんが。その株のオプション取引の契約には、9月末のリミットがありました。

すなわち、9月末までにその株が暴落しなければ、20億ドルを損してしまう……、そんな取引するのは、かなり頭がおかしい人か、間違いのないインサイダー情報を持っている人かのどちらかでしょう。

これがもし、200ドルだったら話題にも上りませんが、20億ドルですからね。これは、事実として記録にある話なのです。

そして、イラク戦争をやめようという意見のアメリカ人は、50パーセントを突破し、国内で分裂が進んでいるという側面があります。

アメリカでも、いろんなシンクタンクの研究員や専門家がはっきり言っているんです。実際に、国会議員レベルで動いている人もいます。

今はまだ嵐の前の静けさのような状態で、ティッピングポイントは遠からず来る、明日か、来月か、来年か、数年後か、私は予言者ではございません。でも、来た時には驚かないでほしいのです。

なぜ、そういうイベントが次々に起こり続けるのか。なぜパワーにあるビューティとピースとラブはまだ来ないのか。それは、人間が十分に病気になっていないからです。すごく矛盾していると思われることでしょうが、充分に病気になっていないんです。

「パワーかフォースか」にも書いてありますが、例えば、アルコール依存症の患者の意識レベルは、すごく低いのです。被害者意識が強く、体力も精神力もなく、依存してしまうのです。どんな医者に診てもらっても、なかなか治らない、たいへん複雑な病気です。依存症がひどい場合には、家中にお酒のボトルが隠されているんですね。そして家族をうまい具合にだまして、延々と飲み続けるわけです。

DNA的にいうと、西洋人はそれに非常になりやすいのですね。日本人はあいまいな民族だから、アルコール依存症にはなりにくいらしい。

世界一のドクターに診てもらってもダメ、誰も治してくれないんです。レスキューできない。つまり、どん底の状況。

そうなると、人間はまっさらに、ものすごく素直になる時があるんです。どん底になった時は、奇跡が起こるということがわかりました。

アメリカではＡＡ（アルコール依存症自助グループ）というグループが生まれて、人間はスピリチュアルに変わらなければ、依存症も絶対に治らないという法則が分かりました。宗教家になるという意味ではありません。スピリチュアルになる。すなわち、この物質次元以外の次元を信じるということにしましょうか。すなわち、五次元の存在を信じることこそが、スピリチュアルなんですよ。

そういう次元があるといっても、どこにあるのか、どんなところなのかは実際なかなか見られません。よほどの努力と、勇気がなければ行けないのです。

だから、スピリチュアルも、意外と難しいということがわかりますね。簡単な事じゃないんです。どこかのショップでクリスタルを買って、へへへーって満足するだけでは、スピリチュアルにはなれませんよ。すごく難しい問題です。

しかし、トム・クルーズが映画「ラストサムライ」で侍の村に連れていかれて、みんなの毎日の行いを見て、うーん、確かにこの人達は宗教を持たないね、でも、すごくスピリチュアルだと言うわけです。

西洋人は、日本の皆さんの毎日の暮らしぶりから、1つ1つの行いにすごく注意を払っているることを見るんです。注意を払うということとイコール、スピリチュアリティなんですよ。自分の意識を何にフォーカスするかが、スピリチュアリティなんです。

だから毎日、テーブルばかりに注意を払えば、テーブル意識になっちゃうのです。毎日女性のおしりばっかりに注目すると、その世界になっちゃいます。

シンクロニシティ（共時性）による次元のシフト

五次元にアクセスするためには、よっぽどのイベントがないと無理ですね。臨死体験など、劇的なイベントがない限り、別の次元を体験できないんです。

そして、スピリチュアリティと、シンクロニシティはセットなんですね。その1つの例は、ラインホール・メスナーという登山家がいるんですが、エベレスト登山の途中でクレバスに落ちて、死にそうになったことがありました。クレバスからはい上がると、目の前にリアルな女性がいました。

でも、その女性は異次元の女性なんです。彼はその女性を「ダキニ」と認識します。「ダキニ」というのはヒンドゥー教でいう女神のような存在、まあ、天使みたいなものです。その女性は、生まれてからその日までのすべての彼の心の歴史を、彼に知らせるんです。あんたはこういう人ですね、全部わかりますよ、と。

もしクレバスに落ちて死ぬ寸前までいっていなかったとすれば、彼は異次元とのコンタクトはできませんでした。こうした異常事態だったからこそ、異次元の世界に入れたのです。

極端なアイソレーション状態、アクシデント状態になって、やっとそのポータルが開くんですが、また閉じてしまうのです。

普通の三次元では、まず五次元へのアクセスはできませんが、1つだけ方法があるのです。アマゾンまで行かなくても、ドラッグを使用しなくてもアクセスできる方法、それは、シンクロニシティです。共時性ですね。

五次元は新しい文明の始まりであると、僕は7年間唱えていますが、具体的にどういう文明かといえば、金があるかないかとか、どんな暮らしかとかいうレベルではなく、まったく違うリアリティにシフトするわけです。

そのリアリティにおけるメカニズムが共時性であり、すべては心だという現実に生きてることです。すべては心の反映です。今、皆さんがいる場所、していること、いっしょにいる人、天気、すべてのすべては皆さんの心の反映です。それは、この国では昔から当たり前のことです。

でも、それは毎日の中で意識されているでしょうか？　共時性。ほとんどの皆さんには、偶然だという思いこみがありますね。

そうではなく、意識レベルが高くなれば高くなるほど、いや、違う、今日の80パーセントの出来事は共時性だったんだと感じられるのです。600、700レベルにまでになると、今日の98パーセントの出来事は共時性だった、2パーセントは偶然かもしれないとなります。800になるといや、全部共時性だ、となるのです。900になると、全部が神になります。エブリシング、イズ、ゴッドですね。

だから、めちゃくちゃレベルが高い人間、だいたい900ぐらいの意識レベルになると、ナッシング、イズ、ハプニングと言うんですよ。何にも起こっていません、すべてはパーフェクトですね。

物事は、起こる必要はないのです。学ぶ必要もないのです。そういうリアリティは、我々から遠く離れているんです。

そして、太古からの種であるDNAは、いろいろな星々で誕生していて、パンスペルメアというメカニズムによって、宇宙中にばらまかれました。その種の結果として、皆さんはそこにおられるのです。

皆さんは地球人ではありません。はっきり言います。巡礼者です。星の巡礼者なのです。

ＥＴは皆さん以外にいないのです。

まもなく宇宙人が到着する、という発想に対して、まもなく五次元へ移行するという発想がありますが、どちらが正しいでしょう？　両方です。なぜならば、五次元に移行したとたんに、自分たちが宇宙人だったということに気づくんですよ。その瞬間に、「おっ、俺たちだった」という……、これはコスミックジョークです。

宇宙人を待ちに待っているような人たちは、ずーっとずーっと待ち続けて、一万年後はみんなそのまんま化石化してることでしょう。一方、五次元へ行こうじゃないか、という人たちは、とっくに自分が宇宙人であったことに気づいています。

繰り返します。皆さんは、地球巡礼者です。三次元的に巡礼したことがあるかないかは関係ないんです。生まれながらにして巡礼者なのです。

そして、皆さんの中のＤＮＡも、間違いなく巡礼しているのです。非常にミステリアスな、電気的なエネルギーを使って、電気的宇宙の中で移動し、次元シフトの準備をしていこうじゃないかという段階が「今」です。

だから、意識のことを勉強しなければならないのですね。シンクロニシティは、一番素晴らしいもの、五次元に行く絶好の道具です。

今、この次元で起こっているすべては、五次元でもうとっくにプログラミングされていることなんですね。共時性のことを勉強すればするほど、顎が外れていくんですよ。

私は今朝、あの人のことを思った。そして、出かけてからすぐに、その人が目の前を歩いてくる……ということ。この時、３００、４００の意識レベル、特に４５０までの論理的、左脳的な意識レベルの束縛があると、これはまったく関係のないイベントだという結論になってしまうのです。

私にも先日、飛行機の中でシンクロニシティが起こったのです。目を閉じて、半分夢の状態で、ある風景を見ていました。そして目を開いたら、飛行機の外の風景が夢の風景とまったく同じでした。それこそすごい共時性ですね。

なぜ、目を閉じているのにその風景が現れているのか？　透視ともいえるかもしれませんが、でも透視する能力、リモートヴューイングも含めて、多次元に切り替えるメカニズムということです。

リモートビューイングで五次元に行けますかと聞かれることもありますが、行けません。はっきり言います。そんなものじゃないんです。リモートビューイングは、シンクロニシティに敏感になるメカニズムの１つです。

しかし、それだけで五次元に行ったりすることはできません。

シャーマンのやり方、聖なる植物を活用した場合には行けることが多いです。

実は、私はグラハム・ハンコックと親交が深いのですが、あんな気難しいおっちゃんはいないんですよ。すっごく論理的な人です。彼は、ネットなどで激しいバッシングにあっています。彼の息子は日本にいて私も交流がありますが、お父さんに対する悪口を、毎日ネットで調べるんです。グラハム・ハンコックについてのコメントの8割が、悪口なんです。

なぜならば、彼が「スーパーナチュラル」を書いたからです。異次元について、変性意識状態について、またいわゆるドラッグについて書いたわけです。それで、グラハム・ハンコックはクレイジーだなんだと、ものすごいバッシングがあるのです。

彼はひどくアイソレーションになり、鬱病状態にまで陥っていました。そこまでがんばって研究して、500ページもあるような本を書いたのにバッシングされて、もううんざり、となったのです。だから、本当の心の友達はいないんですね。

でも、同じ五次元へ何十回も行って帰ってきたことのある私は、彼の心がわかるわけです。彼はその次元に最近アクセスするようになったのですが、まだそこで歩き出してないんですね。だから先輩として、いろいろアドバイスしています。

彼もいろんな意味で左脳の先輩として、私にいろんな素晴らしいアドバイスをしてくれます。彼は私を、4人しかいない友達の内の1人だといっていますが、それだけアイソレーション状態なのです。パイオニアはなかなか理解されませんし、誰もサポートしてくれません。

だから、変性意識状態のパイオニアは、お互いに情報交換をせねばならないだけではなく、他のみんなともその情報をシェアしなければならないのです。そうしないと、仕事をしていないことになり、クビです。こうやって、皆さんと情報をシェアしなければ、クビになってしまうのです。多次元意識の構造について、理解のレベルが高まれば高まるほど、人間はすごく謙虚になる、シンプルになります。

本当のスピリチュアルの意味とは？

先日、「スピリチュアルの定義は」と聞かれましたが、そんな定義、誰ができるというのでしょう？

でも、ヒントはあるのです。実は、スピリットは息をするという言葉から派生しているんですよ。インスパイア、息をする、ですね。すなわち、生きている息によって生かされているという、息をしなければ生きられない宇宙に、生かされているということです。

意識の定義はシンプルです。意識はすべてです。例えば、テーブルには意識があるでしょうか？　普通はないと答えるでしょうね？　でも、本当はあるんです。これは、切られて加工される前には木という生き物だったわけですね。その記憶は、ちゃんと残っているのです。今は死んでいると思われるでしょうが、物質として、残っていますからね。

だから、我々の脳細胞が変わっても記憶は残っているように、テーブルにも記憶はちゃんとあるんですよ。「俺は数十年前には木だった。風は気持ちよかったし、人間はもっと少なかった」とか、毎日観察をしている木だったのですね。

木は今でも、我々に大きな、様々なインフォメーションを与えてくれます。DNA的に言うと、木のDNAはすごく丈夫なんです。カリフォルニアの、ある木の歴史は億年単位です。そのDNAは、ずーっと耐えてきているんですね。私たちから見れば、木は大先輩なんです。だから、日本の神道では木をお祀りするんですね。マヤ文明でも、木は兄弟姉妹ですよ。

死後の世界があると信じる人は多いと思われますが、そうすると、死んだ人には意識があるということになりますね。すると、テーブルにも意識があるということ。

すべては意識なんです。0から1000の間の意識レベルですね。それもすごく日本的な考え方だと思います。

すべてに魂があるという考え方は、正しいのです。全部、意識です。でも、意識レベルには違いがあります。人間の意識は今、実際に下がっています。

「パワーかフォースか」にある基本的な筋力テストで試してみても、一年ほど前に測定した全人類の意識レベルと比べると、今のレベルは低くなっているのです。

筋力テストは科学的なものでもありますので、やはり、何にも進化してません。

全人類は今、エントロピー現象が起こる寸前まできているのです。とっても危険な瞬間、それこそティッピングポイントがいつきてもおかしくない。

でも、先ほど言いましたように、十分病気になっていないんです。だから逆説的にいえば、人間はもっと病気になればいいということになるのです。

たいへん残酷に聞こえるかもしれませんが、進化ってそんなものです。このぐらいの種類を絶滅させようじゃないか、そのかわりに、こういう新しい生命体を創ろうじゃないかという、大胆なプロジェクトマネージャーがいる。その立場から見れば、どうってことないんです。全人類の意識レベルは、一時的に上がっていたかもしれないけれども、あるポイントでバシャーンと落ちる可能性が高いのです。そのメカニズムは、カタストロフィズムなんですよ。

だから皆さん、これから覚悟しておいて下さいということです。残念ながら、現実には、五次元に絶対にアクセスできないように、我々の脳みそを拘束するような法律が次々とできてしまうんですね。こういう意識は合法だけれども、それ以外の意識は非合法という法律ができてきているわけです。

具体的にいうと、エンヴァイロメント・ローが厳しくなるんですね。環境法律です。こういう物を食べてはいけません、こういう生活スタイルはやめなければいけません、なぜならば、全地球環境が、深刻なまでに悪化しているからです。だから、皆さんが犠牲を払わなければならないということなんです。

　カーボン・フットプリントについてはすでに説明しましたが、ＣＯ２ポリスがそろそろ登場するんですよ。本当です。ＣＯ２ポリスが、「あんた使いすぎ。飛行機一年間乗ったらイカン」などと、干渉してくるのです。

　これはジョークではなく、世界各国の三次元的な解決方法としては、それしかないんです。それに囚われていけば、なるほどなるほど……と、納得させられてしまう。

　だから、「ノー・ディスティネイション」という雑誌を真剣に読んでいる読者は、一年間、飛行機に乗らない事にしたんですよ。自分のカーボン・フットプリントが大きすぎて、エコロジストだとはいえない。だから、車にも乗らないことにした。そうすることによって、シューズサイズ、フットプリントはどんどん小さくなっていく。バンザイ！　ハッピー。

　でも、誰もがそんなことをするでしょうか？　しないでしょうね。そんなことをする人は、ごく少ないのです。

　すると、厳しい法律を作らなければならないということになってくるわけです。アメリカは、ますます警察国家になっていき、みんなにＩＤチップを入れるというのも、もはや陰謀説ではすまなくなっています。

ラジオ電波を発する、小さな小さなチップを入れることによって、その人間がどこにいるのか、どれくらいのエネルギーを使っているのか、いくらのお金を使ったのかなどのデータをすべて把握できるようになる。スーパー政府のスーパーポリスステイトのフューチャーもあり得るわけです。

そういう世界に留まるか、異次元にシフトするか、ご自身で選択したらいかがでしょうか。ここに残りたい人は、たぶん少ないでしょう。

実際、少しSF的に聞こえるかもしれませんね。そんなはずはないと思うでしょう。

でももう、とっくに日本でもいろんな混乱が始まっているわけですね。安部元総理は、本当にかわいそう、僕は同情します。なかなか厳しいものがあったでしょう。一人の人間に、あれだけの仕事を与えるということがそもそも大間違いなんですよ。みんなでシェアしないといけないんですよ。

なんでリーダーを選択するのですか？　そして、なんでリーダーを責めるのですか？　皆さんは独立個人なのに。自分で責任が取れないから、そういう人に期待して、その人が失敗したら抗議の嵐……。かわいそうじゃないですか、本当に。病院にお見舞いに行ってあげようかなと思ったぐらい、かわいそうです。

これから起こるべき革命は、異次元へ移行する革命のルーツを理解するためにある、と理解しましょう。エンヴァイロメントのことをしっかり学ぶだけじゃなくて、CO2を気にすることでもなくて、環境破壊は、起こるべくして起こっていると捉えたらどうでしょう。

そして、この環境破壊によって、人間の免疫システム、地球の免疫システムは、崩壊してしまうんですね。人間はまったくどん底の状態にならざるを得ないでしょう。その時に、すごくシンプル、素朴、オネスト、正直、ストレートになって、究極のリアリスティックになった時、本当のスピリチュアルの意味がわかるでしょうね。心から、次の次元とのコンタクトを求めるようになるんです。

求めるようになり、シンクロニシティに注意をはらうようになれば、毎日のようにものすごく強いメッセージが来るようになります。

そして、もっと強いメッセージが欲しければ、それこそアマゾンに行ったり、合法的に変性意識状態になれる環境を選択して、一回だけでもいい、それを体験すれば、人生が変わってしまう可能性が高いんですよ。

けれども、例えばモンロー研究所、あれはフェイクの次元に行かされていると思います。人工次元に行かされているんですよ。

そう思ったのは、実は私のワイフをあそこに送ったんですね。実験用のモルモットみたいでかわいそうですが（笑）。

聖なる植物の変性意識状態は、そのプロセスで、まず人間はめちゃくちゃ反省させられるんですよ。前半、「なんと俺は至らないやつや」という、気づきがほとんどです。「なんと俺は汚い、情けないやつです」と。

すなわち、すごく謙虚にさせられるんですね。自分自身からダメ出しがあり、叱られるんです。そして、殺されたり、死の体験をさせられたりします。

モンロー研究所で学ぶ人は、レベル何十に行ったとか、ステップアップしたとか報告し合っているみたいですが、誰も苦労していないし、反省させられていないように思えます。

もちろん、私が勘違いをしているかもしれませんが、自分自身、多次元に行ってきた経験を踏まえてみても、モンローの人たちが行ってきた次元は、なにかくさい。マトリックスのようなフェイクの次元じゃないかと、直感的に思うのです。

おそらく、コンピューターゲームのような世界に送られているのではないかと思います。我々がインターネットという次元が作れるのと同様、我々よりも洗練した多次元意識体は、いくつもの次元を作ることができるんですね。ゲームセンターのようなものです。そして、人間で遊んでいるんです。次はこのレベルに送りこもう、次はここ……と、ゲームをしています。

人間がそこで、スピリチュアルな気づきがあるかどうか、私は深く疑っています。シャーマニズムの世界は、本当にすごくリアリスティックなんですよ。心の問題を抱えている人はまず、その本質に直面させられます。表面的にいくらサクセスフルな人であっても、それは深く反省させられる。これがリアリスティックで、スピリチュアルなんですね。

本当に反省して心から申し訳ないという状態になったら、ボボワーン！と、ドアがオープンになって、素晴らしく美しい世界に招待される……、こんな順番の方が正しいと思いませんか？ディズニーランドでもなんでもない。本当のスピリチュアルワールドなんですよ。

そうして辛い気持ちも乗り越えて接近すればするほど、高次の生命体は我々のヘルプをしようと、百万倍くらいの勢いで向こうから来てくれるのです。

昔から、神に対して1歩を踏めば、神は99歩、自分に向かってきてくれるという表現があるがごとくです。ちゃんとした知識があった上で、この世界からスピリットの世界に行くことができれば、問題も上から解決する可能性が高いんですね。高い意識レベル、高い次元からこの次元の問題が全部解決されるということ。

だから、2012年までの準備として、何に注意しますかという、これが今回の私の最後の問いかけですね。何に心を、意識を注ぎますか？　これを、ぜひ宿題として受けていただければ幸いです。

最後に紹介する本、タイトルを読むのも難しいですが、「天路歴程《てんろれきてい》」、英語でピルグリムス・プログレスです。日本では、何人かの翻訳者による訳本が、数社の出版社から発刊されていますが、イギリスのジョン・バニヤンという作家による16世紀の名作です。時代としては、シェイクスピアのちょっと後で、これはクリスチャンの巡礼者が体験した多次元の心の旅なんです。

天のエルサレムに向かって、すなわち、天国を夢見て歩いていく巡礼者の話です。これが、すごく現実的なんですね。まったくストレートな道じゃないんです。どれだけ誘惑されるか、どれだけ妨害されるか、もう問題だらけのアドベンチャーストーリー。

この本には、地球巡礼者のヒントがたくさん含まれています。ぜひ、お読み下さい。古代英語を翻訳した日本語なので、少し難しいかもしれませんが、皆さんが読まれても、非常に面白いと思います。

そして最後になりますが、やっぱり日本人の発想はすごいなと思うことがあります。西洋人は、特に私のようなケルト民族は、人間関係をあまり大切にしていないんです。私たちは切り捨てる民族です。私は、捨てる名人です。物にもあまり執着しない、すぐに捨ててしまう。西洋人がパイオニア的なことをやる際は、人も、物も、捨てていくことが多いのです。

そして、私は講演をやめる話をよくするんです。なぜかと言えば、あと4年しかないという発想の持ち主としては、もうそろそろ、十分言ったじゃないかと思えるからです。

なぜ、私はやめることが好きかというと、次に行けないと思いこんでいるからなんです。子供の頃から、これを捨てないと次に行けないという意識が強いわけです。だから、永遠に旅をするのです。

行ってきた、忘れた。次の国はどこだ……。だから、カイロからケープタウンまで巡礼するわけです。次はケニアに行く、ケニア面白い、ケニア過ぎた。次はどこですか？　ザンビア。その次は……と、どんどん新しい国を訪ねて行く。巡礼の歴史が長いわけですが、一人で旅をすることがほとんどです。

だから、人間関係を大切にする時間もないんです。捨てていくんですね。でも、日本に来てからはどれだけ人間関係が大切であるかということに気づかされました。一番の先生は、日本人である私のワイフなんです。ワイフから、やめる話はやめなさいっていつも言われます。やめなくてもいいじゃないか、そんな厳しいこと言わなくてもいいじゃないかと言われると、そうだなあ、そういう意識はちょっと問題あるかなぁという気もしてくるのです。

だから、今後も講演は続けていくと思いますので、興味がある方は聞きに来てくださいね。

ありがとうございました。

おわりに

この本のエピジェネティックスのメッセージは、現在、「The Living Matrix」というドキュメンタリー映画にもなっています（２００９年６月現在、英語版のみ）。

この映画の中で、おおぜいの科学者がインタビューを受けています。

彼らはみな、同じ事を言っています。物質的な薬を使うだけでは本当のヒーリングにはなりません。それは、物質的な（肉体としての）身体を治療することにしかなりません。

彼らは私たちの周りに、各々の精神によってアクセスされるエネルギーフィールドがあると明言しています。

そこで、私たちがもし自分の思考や精神をチェンジ、変えたなら、私たちの身体もまた、自然に変わるのです。これがまさに、日本人が昔から言っている、「病は気から」ということわざのことです。

古きを温め新しきを知る。これが、私の処女作「マージング　ポイント」の意味なのです。

「The Living　Matrix」ホームページURL
http://www.thelivingmatrixmovie.com/

この映画は、ヒーリングの科学であり、私たちの健康を左右するさまざまな要素が絡み合ったものに関する新しいアイディアを公表しています。

本編では、新しい分野におけるヒーリングの可能性を見つけた献身的な科学者、心理学者、バイオエネルギーの研究者、およびホリスティック療法士のグループと話をしてます（上記ホームページより引用）。

出演者
エリック・パール（ヒーラー）
ブルース・リプトン（細胞生物学者）
リン・マクタガート（サイエンス・ジャーナリスト）
ピーター・フレーザー（針療法の教授）
他多数

著者プロフィール

エハン・デラヴィ
1952年イギリス、スコットランド生まれ。ケルト族の末裔。幼少のころから精神世界に興味を持ち、1974年来日、禅、弓道、東洋医学にも造詣が深く、鍼灸師の国家資格も取得している。シャーマニズム、リモートヴューイング、医学、超常現象、古代文明、脳と意識など幅広いテーマを研究。人類の意識の進化をテーマに、世界中の遺跡や聖地を探訪、思索を深める日々を送る。卓越した情報力と流暢な関西弁を駆使して講演やセミナーなど行なう。

2009年５月、自ら監督した作品、「アースピルグリム　地球巡礼者まもなく、夜が明けるからね［DVD]」リリース

出演：エハン・デラヴィ、サティシュ・クマール、グラハム・ハンコック、他

人類《じんるい》が変容《へんよう》する日《ひ》

エハン・デラヴィ

明窓出版

平成二一年七月二十日初刷発行
発行者 ── 増本 利博
発行所 ── 明窓出版株式会社
〒一六四―〇〇一二
東京都中野区本町六―二七―一三
電話 （〇三）三三八〇―八三〇三
FAX （〇三）三三八〇―六四二四
振替 〇〇一六〇―一―一九二七六六
印刷所 ── シナノ印刷株式会社

SBN978-4-89634-255-0
ホームページ http://meisou.com

ネオ スピリチュアル アセンション

Part《パート》 Ⅱ《ツー》　As above So below（上の如く下も然り）

エハン・デラヴィ・白峰由鵬・中山康直・澤野大樹

究極のスピリチュアル・ワールドが展開された前書から半年が過ぎ、「錬金術」の奥義、これからの日本の役割等々を、最新情報とともに公開する！

“夢のスピリチュアル・サミット”第２弾！

イクナトン――スーパーレベルの錬金術師／鉛の存在から、ゴールドの存在になる／二元的な要素が一つになる、「マージング・ポイント」／バイオ・フォトンとＤＮＡの関係／リ・メンバー宇宙連合／役行者　その神秘なる実体／シャーマンの錬金術／呼吸している生きた図書館／時空を超えるサイコアストロノート／バチカン革命（ＩＴ革命）とはエネルギー革命?!／剣の舞と岩戸開き／ミロク（６６６）の世の到来を封じたバチカン／バチカンから飛び出す太陽神（天照大神）／内在の神性とロゴスの活用法／聖書に秘められた暗号／中性子星の爆発が地球に与える影響／太陽系の象徴、宇宙と相似性の存在／すべてが融合されるミロクの世／エネルギー問題の解決に向けて／神のコードＧ／松果体―もっとも大きな次元へのポータル／ナショナルトレジャーの秘密／太陽信仰―宗教の元は一つ／（他重要情報多数）

定価1000円

オスカー・マゴッチの

宇宙船操縦記 Part2

オスカー・マゴッチ著　石井弘幸訳　関英男監修

深宇宙の謎を冒険旅行で解き明かす——

本書に記録した冒険の主人公である『バズ』・アンドリュース（武術に秀でた、歴史に残る重要なことをするタイプのヒーロー）が選ばれたのは、彼が非 常に強力な超能力を持っていたからだ。だが、本書を出版するのは、何よりも、宇宙の謎を自分で解き明かしたいと思っている熱心な人々に読んで頂きたいからである。それでは、この信じ難い深宇宙冒険旅行の秒読みを開始することにしよう…（オスカー・マゴッチ）

頭の中で、遠くからある声が響いてきて、非物質領域に到着したことを教えてくれる。ここでは、目に映るものはすべて、固体化した想念形態に過ぎず、それが現実世界で見覚えのあるイメージとして知覚されているのだという。保護膜の役目をしている『幽霊皮膚』に包まれた私の肉体は、宙ぶらりんの状態だ。いつもと変わりなく機能しているようだが、心理的な習慣からそうしているだけであって、実際に必要性があって動いているのではない。

例の声がこう言う。『秘密の七つの海』に入りつつあるが、それを横切り、それから更に、山脈のずっと高い所へ登って行かなければ、ガーディアン達に会うことは出来ないのだ、と。

全く、楽しいことのように聞こえる……。（本文より抜粋）

定価1995円

高次元の国　日本　　飽本一裕

高次元の祖先たちは、すべての悩みを解決でき、健康と本当の幸せまで手に入れられる『高次を拓く七つの鍵』を遺してくれました。過去と未来、先祖と子孫をつなぎ、自己と宇宙を拓くため、自分探しの旅に出発します。

読書のすすめ（http://dokusume.com）書評より抜粋
「ほんと、この本すごいです。私たちの住むこの日本は元々高次元の国だったんですね。もうこの本を読んだらそれを否定する理由が見つかりません。その高次元の国を今まで先祖が引き続いてくれていました。今その日を私たちが消してしまおうとしています。あ゛ーなんともったいないことなのでしょうか！いやいや、大丈夫です。この本に高次を開く七つの鍵をこっそりとこの本の読者だけに教えてくれています。あと、この本には時間をゆっーくり流すコツというのがあって、これがまた目からウロコがバリバリ落ちるいいお話です。ぜしぜしご一読を！！！」

知られざる長生きの秘訣／Sさんの喩え話／人類の真の現状／最高次元の存在／至高の愛とは／創造神の秘密の居場所／地球のための新しい投資システム／神さまとの対話／世界を導ける日本人／自分という器／こころの運転技術～人生の土台

定価1365円